能源与电力分析年度报告系列

2022 中国新能源发电分析报告

国网能源研究院有限公司　编著

中国电力出版社
CHINA ELECTRIC POWER PRESS

图书在版编目（CIP）数据

中国新能源发电分析报告．2022/国网能源研究院有限公司编著．—北京：中国电力出版社，2023.4
（能源与电力分析年度报告系列）
ISBN 978-7-5198-7466-7

Ⅰ．①中…　Ⅱ．①国…　Ⅲ．①新能源—发电—研究报告—中国—2022　Ⅳ．①TM61

中国国家版本馆 CIP 数据核字（2023）第 011021 号

审图号：GS 京（2023）0250 号

出版发行：中国电力出版社
地　　址：北京市东城区北京站西街 19 号（邮政编码 100005）
网　　址：http：//www.cepp.sgcc.com.cn
责任编辑：刘汝青（010-63412382）　娄雪芳
责任校对：黄　蓓　朱丽芳
装帧设计：赵姗姗
责任印制：吴　迪

印　　刷：北京瑞禾彩色印刷有限公司
版　　次：2023 年 4 月第一版
印　　次：2023 年 4 月北京第一次印刷
开　　本：787 毫米×1092 毫米　16 开本
印　　张：7.75
字　　数：106 千字
印　　数：0001—2500 册
定　　价：88.00 元

声　明

编 写 组

组 长 李琼慧

主笔人 叶小宁 王彩霞

成 员 时智勇 陈 宁 袁 伟 李钦淼 吴 思
伍声宇 冯君淑 黄碧斌 胡 静 洪博文
冯凯辉 闫 湖 李娜娜 杨 超 孟子涵
刘文峰 张 栋 吴 鹏 吴姗姗 张 宁

前　言
PREFACE

“十四五”时期，是我国实现碳达峰的重要窗口期，新能源发电要进一步提质增效，加快步入高质量发展新阶段。这既要实现新能源技术持续进步、成本持续下降、效率持续提高、竞争力持续增强，也要加快解决高比例消纳、关键技术创新、产业链供应链安全、保供增供等关键问题。持续跟踪分析和研判我国新能源发电发展趋势，并对我国新能源发电领域焦点问题开展专题分析，可为政府部门、电力企业和社会各界提供有价值的参考。

《中国新能源发电分析报告》是国网能源研究院有限公司推出的“能源与电力分析年度报告系列”之一。本报告重点对中国新能源发电开发建设、运行消纳及交易、技术和装备、发电经济性、产业政策、发展形势、焦点问题等进行研究分析。研究内容与本年度其他年度报告相辅相成，互为补充。本报告采用国内外能源相关统计机构发布的最新数据，主要数据来自中国电力企业联合会、中国可再生能源学会风能专委会、中国可再生能源学会太阳能热专委会、中国光伏行业协会、国家电网有限公司、国际可再生能源署（IRENA）、彭博新能源财经（BNEF）等。

本报告共分为7章。第1章为新能源发电开发建设，主要分析了新能源开发和配套电网工程建设情况；第2章为新能源发电运行消纳及交易，主要分析了新能源发电量、新能源利用情况以及新能源发电市场化交易电量等；第3章为新能源发电技术和装备，梳理总结了新能源发电技术和装备的最新进展；第

4 章为新能源发电经济性，从初始投资成本以及平准化度电成本两个维度分析了风电、太阳能发电的经济性，研判了未来成本变化趋势；第 5 章为新能源发电产业政策，梳理分析了“十四五”以来我国最新出台的新能源产业政策要求及特点；第 6 章为新能源发电发展形势展望，分析了世界及我国新能源发电发展趋势；第 7 章为专题研究，选取本年度新能源发电领域 3 个焦点问题，进行了深入研究分析。

本报告概述部分由叶小宁、王彩霞主笔；第 1 章由叶小宁主笔；第 2 章由叶小宁主笔；第 3 章由叶小宁主笔；第 4 章由陈宁、时智勇主笔；第 5 章由叶小宁、王彩霞主笔；第 6 章由王彩霞主笔；第 7 章由王彩霞、叶小宁、伍声宇、冯君淑、陈宁主笔；附录由叶小宁主笔。全书由李琼慧、王彩霞、叶小宁统稿，时智勇、陈宁校稿。

在本报告的编写过程中，得到了中国能源研究会可再生能源专业委员会、美国能源系统并网组织（ESIG）以及一些业内知名专家的大力支持，在此表示衷心感谢！

限于作者水平，虽然对书稿进行了反复研究推敲，但难免仍会存在疏漏与不足之处，期待读者批评指正！

编著者

2022 年 12 月

目 录
CONTENTS

概　　述

2021年是极不平凡的一年，面对严峻复杂的形势任务、前所未有的风险挑战，我国新能源发展取得诸多里程碑式的新成绩、新突破，实现了“十四五”良好开局。

（一）2021年新能源发电发展评述

新能源发电[1]持续快速增长，全国新能源累计装机容量突破6亿kW。截至2021年底，我国风电、光伏发电装机容量均突破3亿kW，新能源发电累计装机容量达6.4亿kW，同比增长19%，占全国总装机容量的比重达到26.7%。12个省份新能源发电装机容量占比超过30%。新能源发电新增装机容量10 250万kW，占全国电源总新增装机容量的58%。23个省区新能源发电装机成为第一、第二大电源。风电和太阳能发电装机均保持快速增长。海上风电累计装机容量快速增加，累计装机规模跃居世界第一，新增装机容量翻番。分布式光伏发电累计装机规模突破1亿kW。

新能源利用水平不断提高，新能源发电量和占比持续提升。2021年，我国新能源发电量9827亿kW·h，同比增长35%，占总发电量的11.7%，同比提高2.2个百分点。7个省份新能源发电量占用电量比例超过20%。2021年，我国新能源利用水平不断提高，新能源利用率达到97.3%，同比提高0.3个百分点。

新能源发电技术保持领先。陆上风电单机容量持续增加，风电设备自主研发水平和制造水平持续上升，为全球风电技术的进步和设备成本的下降奠定了基础；明阳智能MySE 12MW半直驱海上机组下线，成为目前全球最大的抗台风半直驱海上机组。我国晶硅电池片转换效率处于世界领先水平，2021年规模化生产的单晶、多晶电池平均转换效率分别达到22.8%和19.4%；电池组件功率有所增加，各种类型组件功率基本上以不低于5W/年的增速向前推进。

风电发电成本进一步下降，光伏发电成本同比上涨。根据彭博新能源财经

[1] 如无特殊说明，本报告中的新能源发电统计数据仅含风电、太阳能发电，下同。

测算，2021 年我国陆上风电平准化度电成本为 0.200～0.381 元/（kW•h），海上风电度电成本为 0.406～0.761 元/（kW•h）。光伏发电平准化度电成本为 0.194～0.381 元/（kW•h），受硅料成本和大宗商品价格上涨、光伏装机快速增长等多重因素影响，同比上涨 26%。

新能源发电产业政策发生重大调整，引领新能源高质量跃升发展。“十四五”以来，国家发布了多项新能源相关产业政策，内容涉及风光建设方案、可再生能源电力消纳责任权重、新能源上网电价、分布式光伏规模化开发试点等政策文件，推动新能源发展由“消纳引导开发规模”向由“消纳支撑开发需求”转变，助力新能源大规模、高比例、市场化、高质量发展。

（二）2022 年新能源发电发展和消纳形势

2022 年新能源发电利用率将继续保持较高水平。按照国家发展改革委、国家能源局发布的《“十四五”现代能源体系规划》提出的全国 2025 年 39% 的非化石能源发电占比目标测算，全国 2022—2025 年期间需年均新增新能源装机 0.9 亿～1 亿 kW。以风光资源常年水平初步测算，预计 2022 年全国新能源利用率可保持在 95%以上。

电力负荷高峰时段新能源电力保供增供能力有待提高。新能源“大装机小电量”“极热无风”“晚峰无光”特征显著，电力供应压力巨大。新能源机组抗扰动能力不强，面对频率、电压波动容易脱网，简单故障演变为大规模电网故障风险加大。

灵活性调峰资源建设推进速度仍需加快。与新能源旺盛的发展需求比较，电网系统性调节资源相对不足，系统调节灵活性需要进一步加强。抽水蓄能电站近年来建设力度不断加大，但建设周期在 8 年左右，装机容量短期难以大规模增加。火电灵活性改造方面，缺乏政策支持，改造的广度和深度有待进一步加强；新型储能电站方面，本体安全保障不足、商业模式不清晰使得建设规模有限。同时，电网建设和新能源发展存在网源不协调问题，电网送出工程很难与电源同步投运。

新能源发展顶层规划设计的协调性还需进一步加强。根据国家“十四五”可再生能源发展规划和部分省份已发布及征求意见的新能源规划看，装机总规模已超10亿kW，预计全国合计装机规模将远超国家规划目标。为超前、超额完成减排及可再生能源消纳责任权重目标，部分省份装机意愿强烈，可能超出电力系统消纳能力。

1

新能源发电开发建设[1]

❶ 数据来源：中国电力企业联合会《2021 年全国电力工业统计快报》。

新能源发电装机规模持续保持快速增长势头。2021 年，我国新能源累计装机容量达到 6.4 亿 kW，同比增长 19%，占全国总装机容量的比重达到 26.7%，新能源发电新增装机容量 10 250 万 kW，连续两年新增装机容量均超过 1 亿 kW，占全国电源总新增装机容量一半以上，达到 58%。

新能源累计装机主要集中在“三北”地区，新增装机主要分布在消纳较好的“三华”地区。截至 2021 年底，“三北”地区新能源发电累计装机容量 3.5 亿 kW，占全国新能源发电装机容量的 54.8%。2021 年，63%的新能源新增装机分布在消纳较好的“三华”地区。

海上风电异军突起，累计装机规模跃居世界第一。截至 2021 年底，全国海上风电累计装机容量 2639 万 kW，超过英国跃居世界第一，主要集中在江苏、上海、福建、浙江和广东。2021 年新增装机容量 1690 万 kW，是历年累计装机规模的 1.8 倍。

光伏发电集中式与分布式并举趋势明显，分布式光伏累计装机规模突破 1 亿 kW。2021 年，全国光伏发电新增装机容量 5488 万 kW，其中，分布式光伏新增 2928 万 kW，占全部光伏新增装机容量的一半以上，达到 55%。截至 2021 年底，光伏发电累计装机容量 3.1 亿 kW，其中，分布式光伏装机容量达到 1.1 亿 kW。

1.1 新能源发电

新能源发电装机规模持续保持快速增长势头。2021年，我国新能源累计装机容量达到6.4亿kW，同比增长19%，占全国总装机容量的比重达到26.7%，如图1-1所示。我国新能源发电累计装机容量连续六年位居世界第一。其中，风电并网容量32 848万kW，太阳能发电并网容量30 656万kW，分别占全部发电并网容量的13.8%和12.9%。2021年我国电源装机容量构成如图1-2所示。新能源发电新增装机容量10 250万kW，占全国电源总新增装机容量的58%[1-2]。

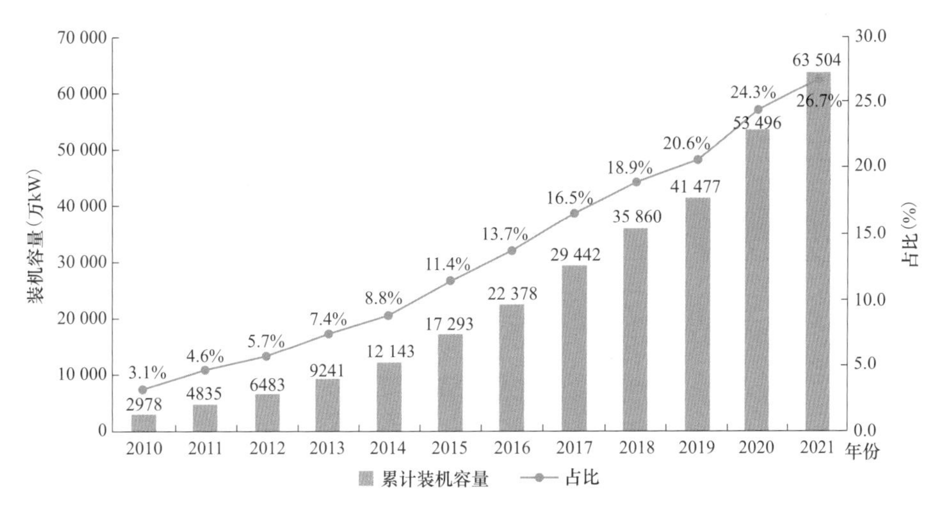

图1-1 2010—2021年我国新能源发电累计装机容量及占比

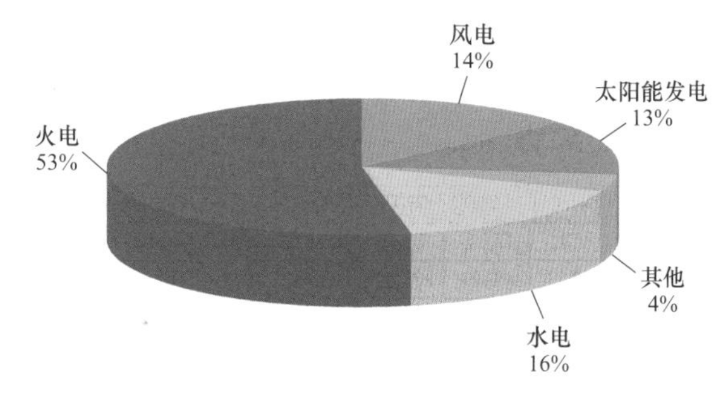

图1-2 2021年我国电源装机容量构成

12个省份新能源发电装机容量占比超过30%。截至2021年底，青海、河北、甘肃、宁夏等12个省份新能源发电装机容量占本省电源总装机容量的比例超过30%。

23个省区新能源发电成为第一、第二大电源。2021年，青海、河北、甘肃的新能源发电作为省内第一大电源继续保持领先，其中青海的新能源发电装机容量占比达到61.5%。宁夏、内蒙古、新疆、黑龙江、山西、河南、陕西、山东、江西等20个省区的新能源发电成为第二大电源，见表1-1。

表1-1　　新能源发电装机容量成为第一、第二大电源的省区

省区	青海	河北	甘肃	宁夏	内蒙古	新疆	黑龙江	山西	河南	陕西	山东	江西
新能源装机容量占比（%）	61.5	49.4	46.7	45.7	34.9	32.6	31.7	31.6	30.7	30.6	30.5	30.1
风电装机容量（万kW）	896	2546	1725	1455	3996	2408	835	2123	1850	1021	1942	547
太阳能装机容量（万kW）	1632	2921	1146	1384	1412	1354	420	1458	1556	1314	3343	911
省区	西藏	吉林	江苏	安徽	辽宁	浙江	海南	天津	广东	上海	北京	
新能源装机容量占比（%）	29.5	29	26.9	26.2	25.4	20.3	16.6	14.1	14	9.9	7.7	
风电装机容量（万kW）	3	665	2234	511	1087	364	29	130	1195	107	24	
太阳能装机容量（万kW）	139	346	1916	1707	478	1842	147	178	1020	168	80	

新能源发电累计装机规模在“三北”地区占比仍超过一半。截至2021年底，“三北”地区新能源发电累计装机容量3.5亿kW，占全国新能源发电装机容量的54.8%。其中，风电累计装机容量1.9亿kW，占比56.8%，太阳能发电累计装机容量1.6亿kW，占比52.6%。

新能源发电新增装机主要分布在消纳较好的“三华”地区。2021年，在可再生能源消纳保障机制引导下，新能源布局持续优化，63%的新能源新增装机分布在消纳较好的“三华”[1] 地区。

1.2 风电

风电装机规模保持较快增长，累计装机容量突破3亿kW。2021年，全国风电新增装机容量4757万kW，风电累计装机容量3.3亿kW，同比增长17%，占全国总装机容量的14%。2011—2021年我国风电新增装机容量、累计装机容量及占比如图1-3所示。

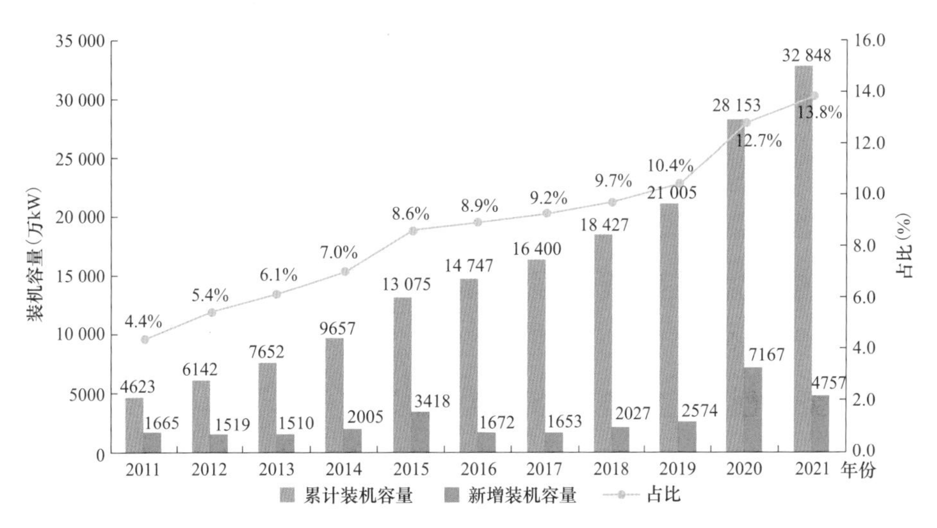

图1-3 2011—2021年我国风电新增装机容量、累计装机容量及占比

从累计装机看，我国风电装机主要集中分布在东北、西北和华北北部地区，东中部和南部地区装机容量较少，近几年受消纳形势以及海上风电迅猛发展影响，东中部和南部地区风电装机增速不断提高，但持续多年形成的“北多南少”的风电装机布局短期难以改变。我国12个省区风电累计装机容量超过1000万kW，依次为内蒙古、河北、新疆、江苏、山西、山东、河南、甘肃、

[1] “三华”是指华北、华中、华东。

宁夏、广东、辽宁、陕西，主要省区风电累计装机容量见表 1-2。

表 1-2　　主要省区风电累计装机容量

省区	内蒙古	河北	新疆	江苏	山西	山东	河南	甘肃	宁夏	广东	辽宁	陕西
风电累计装机容量（万 kW）	3996	2546	2408	2234	2123	1942	1850	1725	1455	1195	1087	1021

从新增装机看，超一半风电新增装机集中在“三华”地区，“三华”地区风电新增装机容量 2605 万 kW，占全部风电新增装机容量的 54.8%。2021 年风电新增装机容量分布如图 1-4 所示。

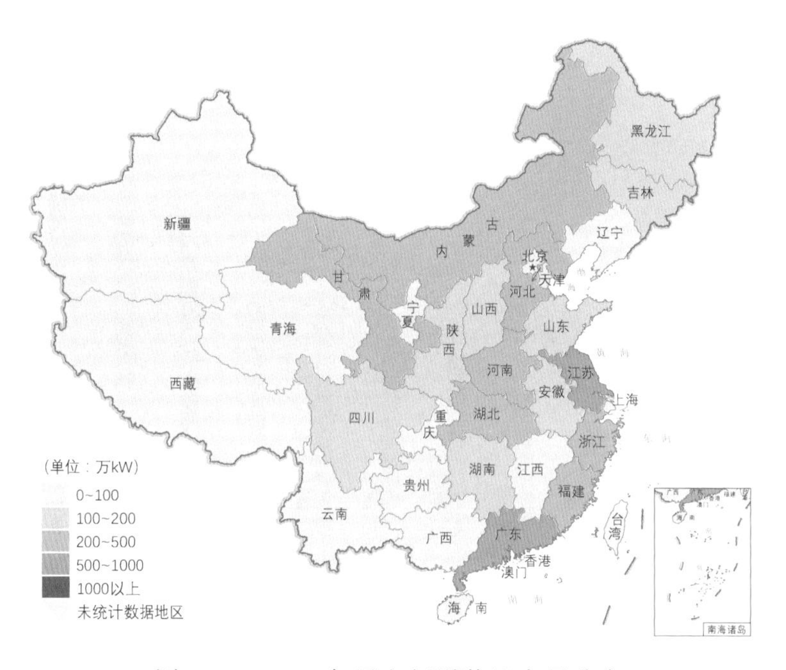

图 1-4　2021 年风电新增装机容量分布

海上风电异军突起，新增装机规模大幅增加，累计装机规模跃居世界第一。2021 年海上风电新增装机容量 1690 万 kW，是此前累计建成总规模的 1.8 倍。截至 2021 年底，全国海上风电累计装机容量 2639 万 kW，跃居世界第一，主要集中在江苏、上海、福建、浙江和广东。2014—2021 年全国海上风电累计装机容量如图 1-5 所示。

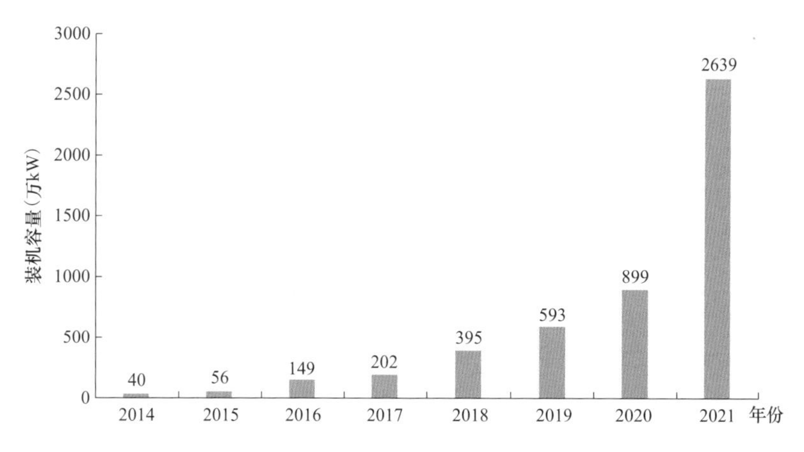

图 1-5　2014—2021 年全国海上风电累计装机容量

1.3　太阳能发电

（一）光伏发电

光伏发电新增装机再创新高，累计装机容量突破 3 亿 kW。2021 年，全国光伏发电新增装机容量 5488 万 kW，同比增长 14%，光伏发电累计装机容量 3.1 亿 kW，同比增长 21%，占全国总装机的 13%。我国光伏发电装机容量自 2013 年起连续 9 年保持世界第一，占全球的三分之一以上。2011—2021 年我国光伏发电新增装机容量、累计装机容量及占比如图 1-6 所示。

分区域看，超 7 成光伏发电新增装机集中在"三华"地区，"三华"地区光伏发电新增装机容量 3853 万 kW，占全部光伏发电新增装机容量的 70.1%。2021 年光伏发电新增装机容量分布如图 1-7 所示。

分省来看，我国 15 个省区光伏发电累计装机容量超过 1000 万 kW，依次为山东、河北、江苏、浙江、安徽、青海、河南、山西、内蒙古、宁夏、新疆、陕西、甘肃、贵州、广东，主要省区光伏发电累计装机容量见表 1-3。

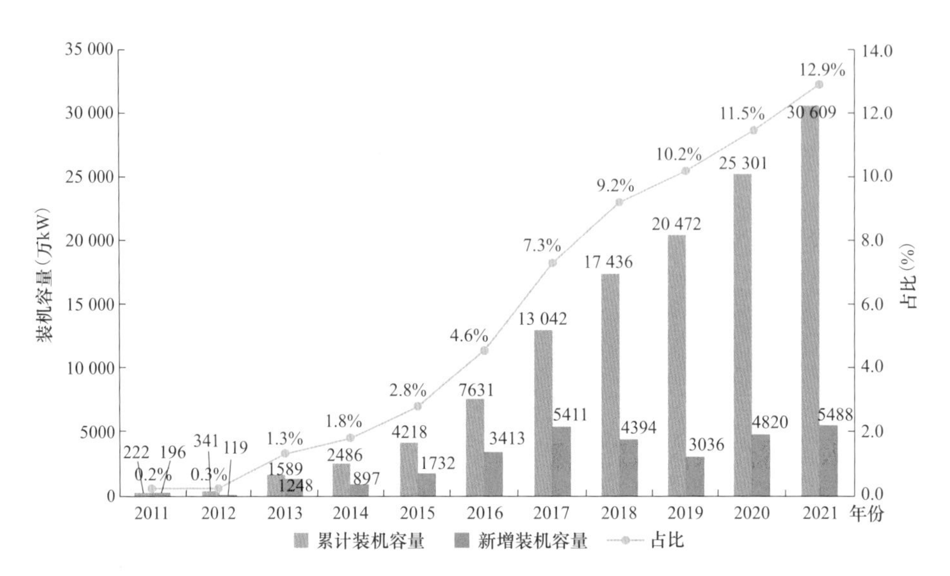

图 1-6　2011—2021 年我国光伏发电新增装机容量、累计装机容量及占比

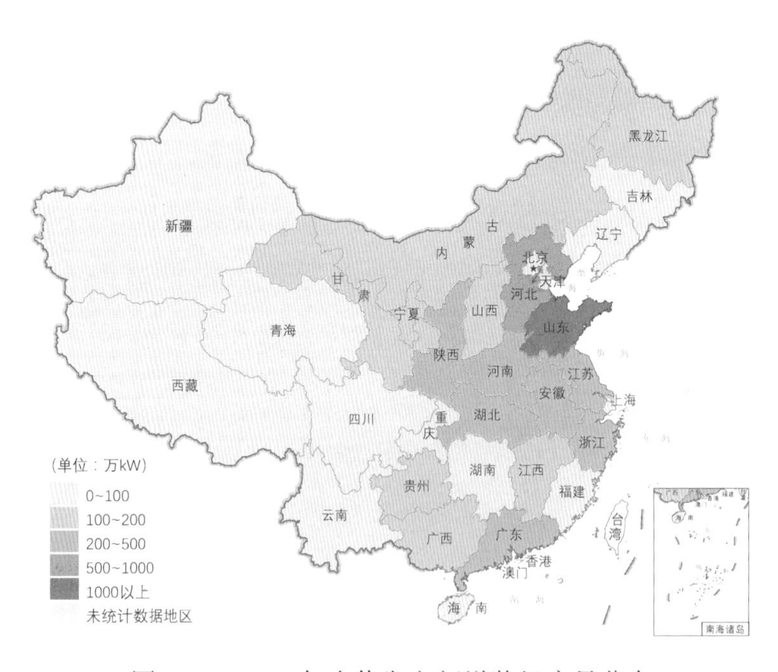

图 1-7　2021 年光伏发电新增装机容量分布

表 1-3　主要省区光伏发电累计装机容量

省区	山东	河北	江苏	浙江	安徽	青海	河南	山西	内蒙古	宁夏	新疆	陕西	甘肃	贵州	广东
太阳能发电累计装机容量（万 kW）	3343	2921	1916	1842	1707	1632	1556	1458	1412	1384	1354	1314	1146	1137	1020

分布式光伏装机规模突破 1 亿 kW。2021 年，我国分布式光伏发电新增装机容量 2928 万 kW，占全部光伏发电新增装机容量的一半以上，达到 55%。截至 2021 年底，分布式光伏装机容量达到 1.1 亿 kW，同比增长 37%，如图 1-8 所示。其中，户用光伏成为分布式光伏发展的主要力量，全国累计纳入 2021 年国家财政补贴规模户用光伏项目装机容量为 2160 万 kW，占全部分布式光伏新增装机容量的 74%，如图 1-9 所示。

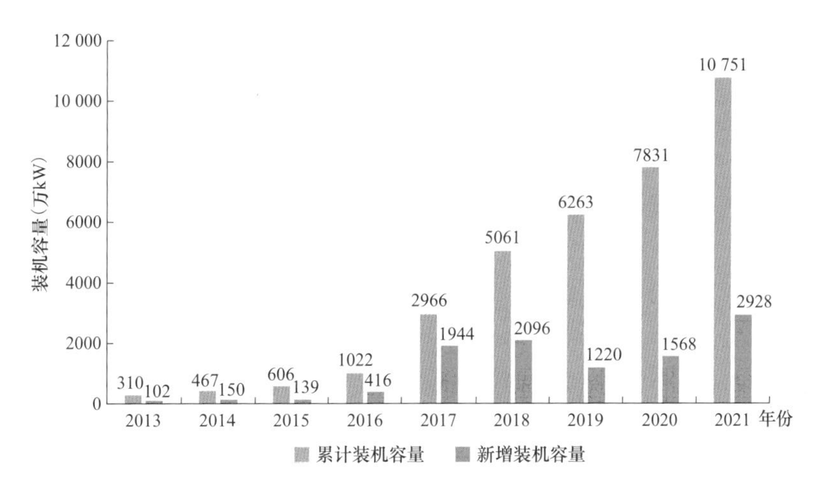

图 1-8　2013—2021 年全国分布式光伏发电累计和新增并网容量

（二）光热发电

光热发电进展较为缓慢。2021 年，我国光热发电新增装机容量 5 万 kW，截至 2021 年底，我国光热发电累计装机容量 47 万 kW，全部集中在青海、甘肃、新疆，分别是鲁能海西格尔木塔式光热电站、中电建青海共和塔式光热电站、中电工程哈密塔式光热电站、兰州大成敦煌菲涅耳光热电站、甘肃酒泉玉门鑫能熔盐塔式光热电站和金帆能源阿克塞熔盐槽式光热电站。

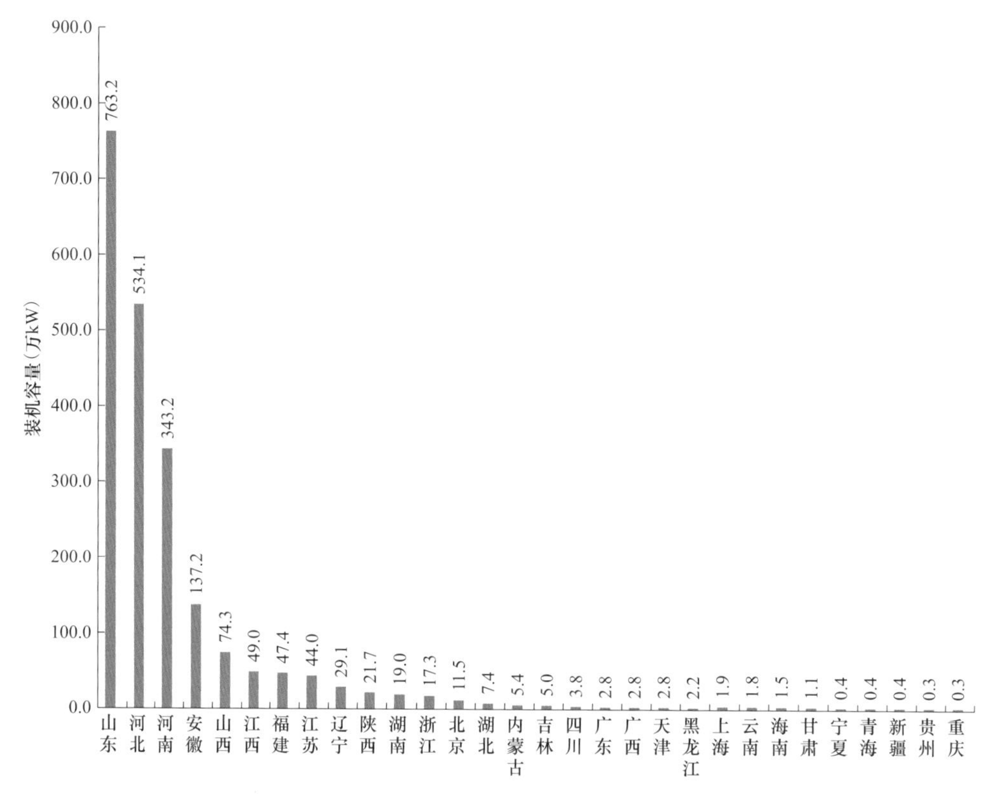

图 1-9　2021 年各省区全年纳入国家财政补贴户用光伏项目

1.4　其他

生物质能发电装机规模稳步提升。2021 年，我国生物质发电新增装机容量 808 万 kW，累计装机容量达到 3798 万 kW。其中，垃圾焚烧发电新增装机容量 580 万 kW，累计装机容量达到 2129 万 kW；农林生物质发电新增装机容量 215 万 kW，累计装机容量达到 1559 万 kW；沼气发电新增装机容量 13 万 kW，累计装机容量达到 111 万 kW。

1.5　新能源发电配套电网工程建设

2021 年，电网企业持续加强新能源并网和送出工程建设，集中投产一批省内和跨省跨区输电工程，建成投运多项提升新能源消纳能力的省内重点输电工程，提高新能源外送能力1500万kW以上。获批特高压输电工程2项，建成特高压直流输电工程2项、特高压交流输电工程1项，进一步促进新能源大范围优化配置。

（一）典型省内输电通道建设

河北白石山220kV变电站1号主变压器扩建工程：工程投资1.79亿元，提升新能源消纳能力18万kW。工程投运后，满足了地区负荷发展的需要，增强区域供电可靠性，并有效拓宽新能源输送通道，保障区域新能源电力可靠外送、同步并网，为河北地区新能源的蓬勃发展提供了最有力的支撑。

山西朔州平右220kV输变电工程：线路长度97km，工程投资2.56亿元，提升新能源消纳能力100万～120万kW。平右变电站的投运可进一步加强地区电网网架结构，提高晋西北地区电网的供电能力和运行可靠性。可汇集山西北部地区光伏、风电等新能源装机，促进山西新能源在更大范围内消纳。

青海德令哈（托素）750kV输变电工程：线路长度2×138.9km，工程投资15.54亿元，提升新能源消纳能力300万kW。工程投运加强了青海电网750kV网架建设，优化了地区330kV电网结构，满足海西东部地区新能源的送出需求，有利于电网稳定运行。

（二）特高压输电工程

南阳—荆门—长沙1000kV特高压交流工程获得国家发展改革委核准。该工程是华中“日”字形环网的重要组成部分，该工程途经河南、湖北、湖南三省。

雅中—江西±800kV特高压直流工程投运。该工程起于四川省凉山州的雅砻江换流站，止于江西省抚州市的鄱阳湖换流站，额定容量800万kW，途经四川、云南、贵州、湖南和江西5省，线路全长1696km，总投资244亿元。

白鹤滩—浙江±800kV特高压直流工程获得国家发展改革委核准。该工程起于四川省凉山州布拖县先锋村换流站，途经四川、重庆、湖北、安徽、浙江

5省（直辖市），止于浙江省杭州市的余杭区浙北换流站，全长约2140.2km。

陕北—湖北±800kV特高压直流工程启动送电。该工程起于陕西省榆林市，止于湖北省武汉市，途经陕西、山西、河南、湖北四省，线路全长1127km，额定电压±800kV、额定输送容量800万kW，总投资185亿元。

南昌—长沙1000kV特高压交流工程投运。该工程是“十四五”期间我国开工建设的首个特高压输变电工程，创造了从开工到建成仅用时10个月的特高压建设纪录。

白鹤滩—江苏±800kV特高压直流工程（南京段）在江苏省内率先全线贯通。该工程额定输电能力800万kW，线路长度2088km，途经四川、重庆、湖北、安徽、江苏五省（市），投资307亿元。

（三）配电网工程建设

近年来，配电网建设增速明显，自2014年配电网投资已连续7年超过输电网，电网投资总体向配电网倾斜，配电网发展规模较大。截至2021年底，全国35～110kV配电网变电设备容量25亿kV·A，比上年增长4.0%。全国35～110kV配电网线路回路长度141万km，比上年增长2.7%。各地区加快配电网建设升级，在保障安全运行、促进分布式资源消纳、提升智能化水平方面均做了很多实践。

山东电网研发装备了一二次融合型光伏并网断路器，具备过电流长延时保护、过电流短延时保护、额定瞬时短路保护、剩余电流保护、端子及触头过温度保护5种常规保护，以及过/欠电压保护、被动式防孤岛保护、并网发电电能质量保护、发电电流三相不平衡保护、分布式光伏发电带电并网保护5种特殊保护功能，实现用户低压分布式光伏的全面感知与安全可控。

安徽电网在金寨县开展了“分布式可再生能源发电集群灵活并网集成关键技术及示范”科技专项的研究与应用。应用分布式发电高性能即插即用并网技术，在分布式光伏用户家门口安装了可以自动调节电压的有载调容调压变压器，优化设置了逆变器的技术参数，还为分布式光伏用户安装了能够储存电力的崭新的逆变器，提升了分布式能源利用效率。

浙江电网致力于创新对分布式光伏的管理和服务模式，当地供电公司面向分布式光伏客户提供“一网通办”服务，依托“网上国网”App研发上线“绿电碳效码”应用，利用区域分布式光伏项目发电大数据，通过区域平均发电小时数对比分析，对分布式光伏项目发电水平分级评价，及时提醒客户开展光伏运维工作，促进光伏项目发电效率提升。

2

新能源发电运行消纳及交易

新能源发电量占比突破10%大关，利用水平不断提高。2021年，我国新能源发电量9827亿kW·h，同比增长35%，占总发电量的11.7%，电量占比突破10%大关，同比提高2.2个百分点。新能源弃电量274亿kW·h，利用率97.3%，同比提高0.3个百分点。其中，弃风电量206亿kW·h，风电利用率96.9%，同比提高0.4个百分点；弃光电量68亿kW·h，光伏发电利用率98.2%，同比提高0.2个百分点。

新能源发电省间交易稳步提升。2021年，新能源发电省间交易电量1300亿kW·h，同比增长42.1%。其中，西北地区新能源净送出电量738亿kW·h，占全部新能源省间净送出电量60.6%。河南、山东、浙江、江苏为新能源净受入大省，合计占全部新能源省间净受入电量59.9%。

新能源发电省内交易规模快速增长。2021年，新能源省内市场化交易电量1151亿kW·h，同比增长75.2%。其中，电力直接交易和发电权交易电量分别为935亿和119亿kW·h，占新能源省内市场化交易总量的81.2%和10.3%。

创新开展绿色电力交易。2021年，北京电力交易中心累计组织开展绿电交易76.38亿kW·h；17个省份参与，省内58.37亿kW·h，省间18.01亿kW·h。广州电力交易中心组织30家市场主体成交绿色电力9.1亿kW·h，其中风电、光伏分别为3.0亿、6.1亿kW·h。

2.1 新能源发电运行消纳

新能源发电量和占比取得历史性突破。2021年，我国新能源发电量9827亿kW•h，同比增长35%，占总发电量的11.7%，电量占比首次突破10%大关，同比提高2.2个百分点。2011—2021年我国新能源发电量及占比如图2-1所示。

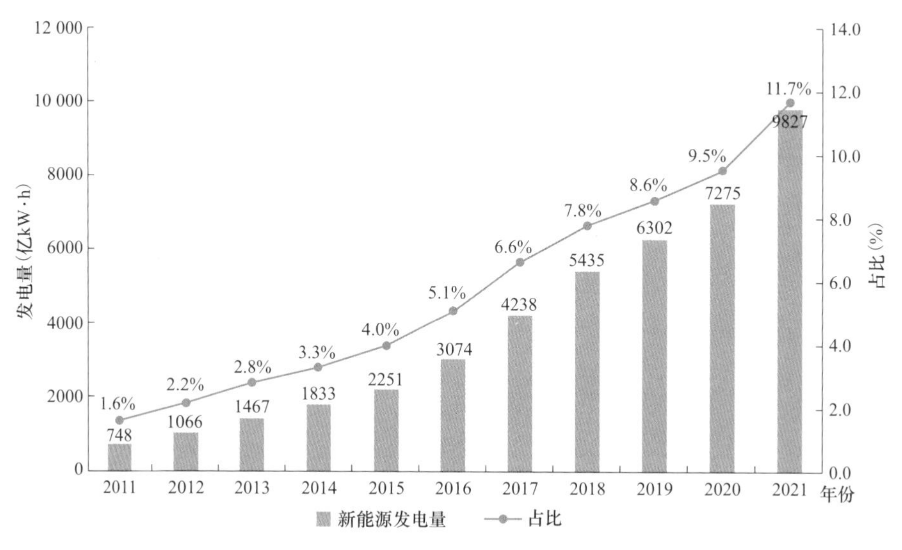

图2-1　2011—2021年我国新能源发电量及占比

7个省区新能源发电量占用电量比例超过20%。2021年，宁夏等7个省区新能源发电量占用电量的比例超过20%，其中宁夏占比超过40%。新能源发电量占用电量比例超过20%的省区见表2-1。宁夏、青海、内蒙古、甘肃新能源发电量占用电量的比例与国际先进水平比较如图2-2所示。

表2-1　　新能源发电量占用电量比例超过20%的省区

省区	宁夏	青海	内蒙古	甘肃	山西	吉林	新疆
新能源发电量（亿kW•h）	464	341	1179	438	659	190	744
占用电量比例（%）	40.1	39.7	29.8	29.3	25.3	22.6	21.1

新能源利用保持较高水平。2021年，我国新能源利用水平不断提升，利用率97.3%，同比提高0.3个百分点。2015—2021年我国新能源利用率如图2-3所示。

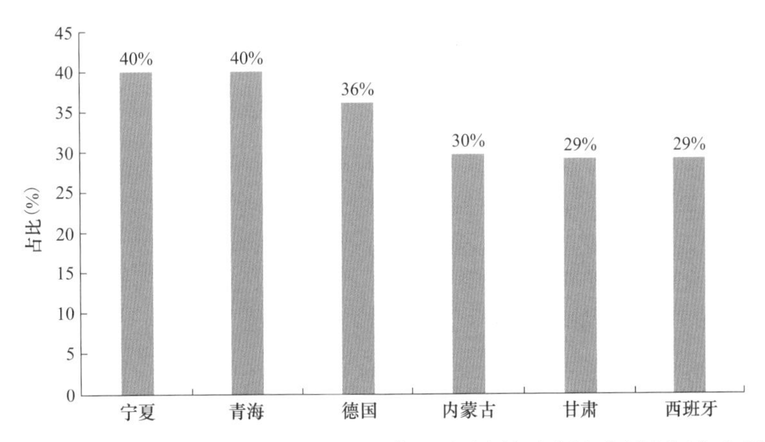

图 2-2 我国重点地区新能源发电量占用电量的比例与国际先进水平对比

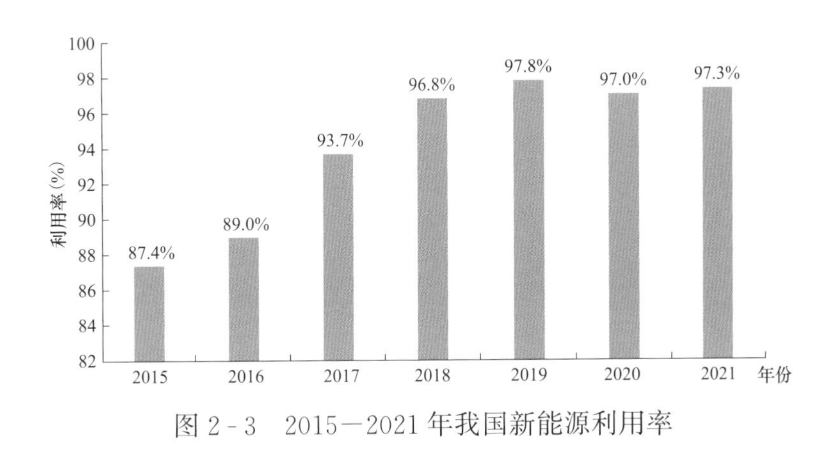

图 2-3 2015—2021 年我国新能源利用率

2.2 风电运行消纳

风电发电量大幅提升。2021 年，我国风电发电量 6556 亿 kW·h，同比增长 41%，为历年增幅最高，占全国总发电量比例的 7.8%，同比提高 1.7 个百分点。2011—2021 年我国风电发电量及占比如图 2-4 所示。

“三北”地区风电发电量占全国风电发电量的 57%。华北、西北和东北地区风电发电量分别为 1412 亿、1404 亿、945 亿 kW·h，合计占全国风电发电量的 57%。分省区看，2021 年风电发电量排名前五位的省区依次为内蒙古、新疆、河北、山西、江苏。2021 年重点省区风电发电量及占本地用电量比例如图 2-5 所示。

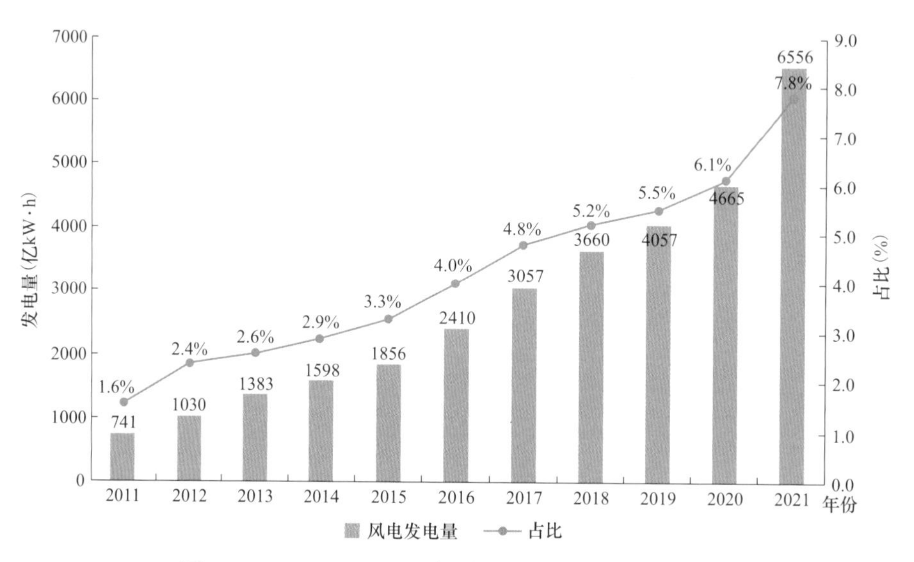

图 2-4　2011—2021 年我国风电发电量及占比

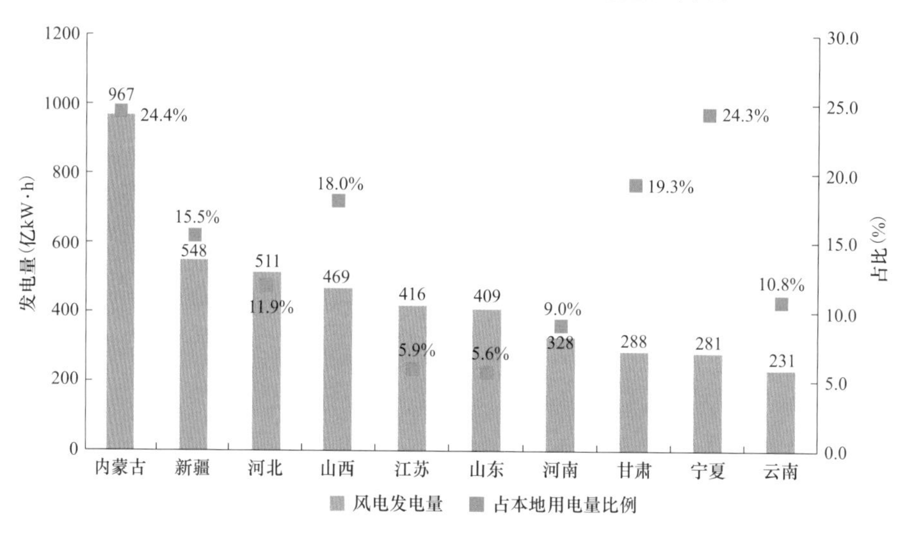

图 2-5　2021 年重点省区风电发电量及占本地用电量比例

风电设备利用小时数创新高。2021 年，我国风电设备平均利用小时数为 2232h，同比提升 154h。全国 8 个省区风电设备平均利用小时数超过 2300h，如图 2-6 所示。

风电利用水平持续提升。2021 年，全国风电利用率 96.9%，同比提高 0.4 个百分点。2015—2021 年我国风电利用率如图 2-7 所示。其中，29 个省区基本不弃风，2015、2021 年弃风地区分布对比如图 2-8 所示。

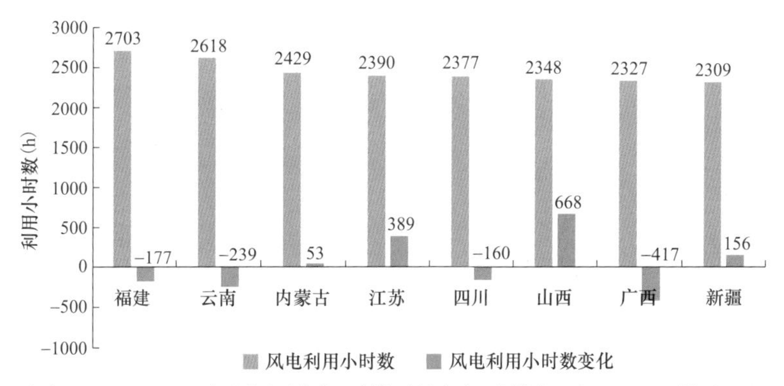

图 2-6　2021 年风电设备平均利用小时数超过 2300h 的省区

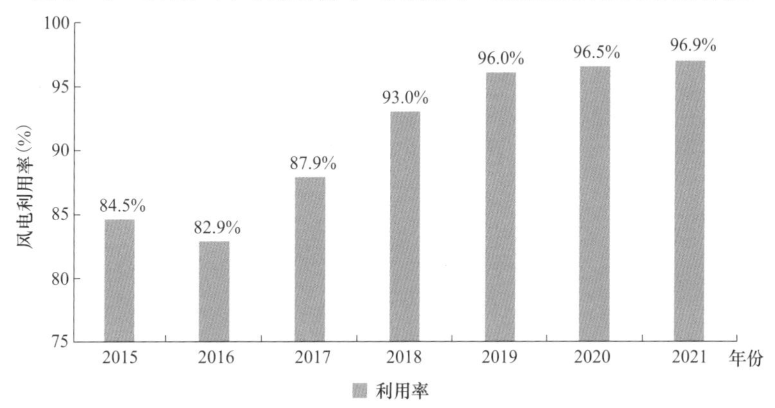

图 2-7　2015—2021 年我国风电利用率

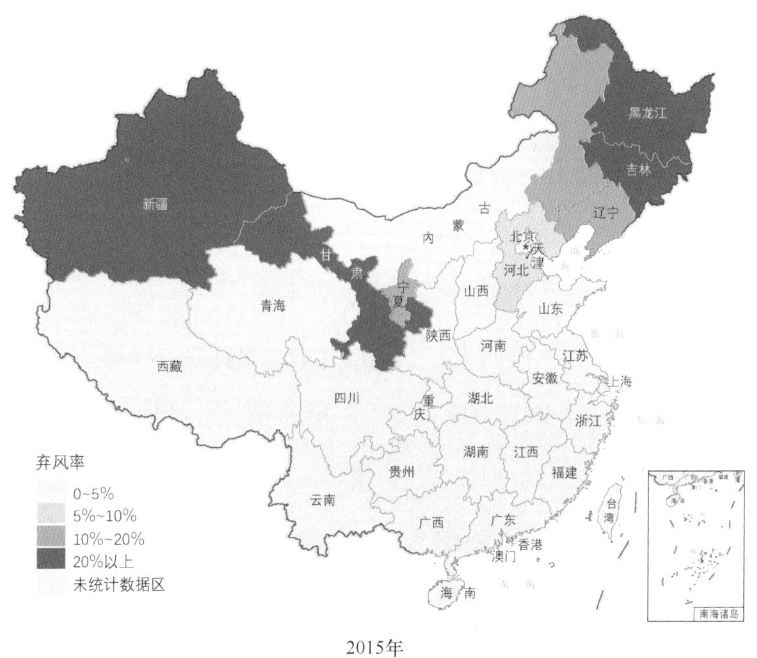

图 2-8　2015、2021 年弃风地区分布对比（一）

2021年

图 2-8　2015、2021 年弃风地区分布对比（二）

2.3　太阳能发电运行消纳

太阳能发电量稳步提升。2021 年，我国太阳能发电量 3270 亿 kW·h，同比增长 25%，占全国总发电量的比例 3.9%，同比提高 0.5 个百分点。2011—2021 年我国太阳能发电量及占比如图 2-9 所示。

太阳能发电量主要集中在西北、华北和华东地区。分地区看，西北地区太阳能发电量 850 亿 kW·h，同比增长 24%，华北地区太阳能发电量 805 亿 kW·h，同比增长 34%，华东地区太阳能发电量 545 亿 kW·h，同比增长 19%。分省份看，2021 年太阳能发电量最多的 5 个省区分别是山东、河北、内蒙古、青海、新疆，太阳能发电量分别为 310 亿、279 亿、212 亿、211 亿、196 亿 kW·h。

太阳能发电利用小时数维持较高水平。2021 年，我国太阳能发电利用小时数为 1281h，同比持平。全国 7 个省区太阳能发电利用小时数超过 1400h，如图 2-10 所示。

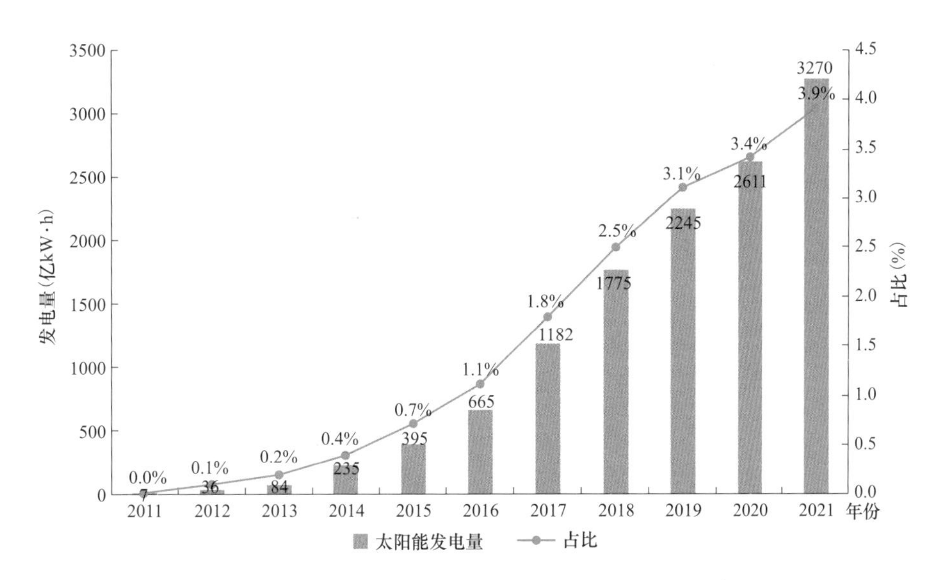

图 2-9 2011—2021 年我国太阳能发电量及占比

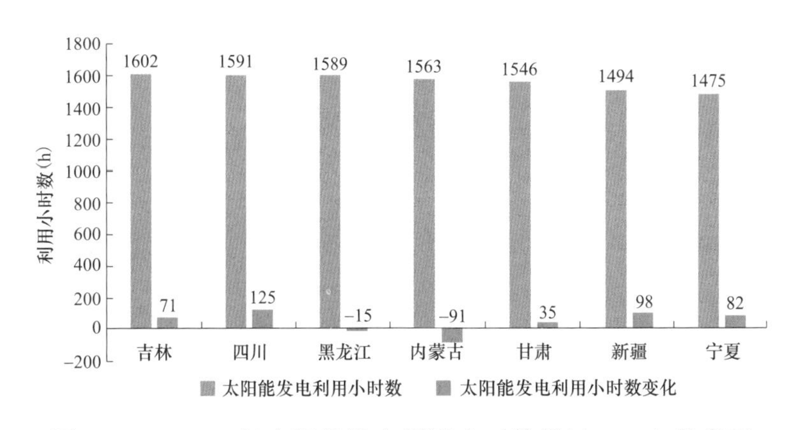

图 2-10 2021 年太阳能发电利用小时数超过 1400h 的省区

太阳能发电利用保持较高水平。2021 年，我国太阳能发电利用率 98.0%，同比持平。2015—2021 年我国太阳能发电利用率如图 2-11 所示。其中，29个省区基本不弃光，2015、2021年弃光地区分布对比如图2-12所示。

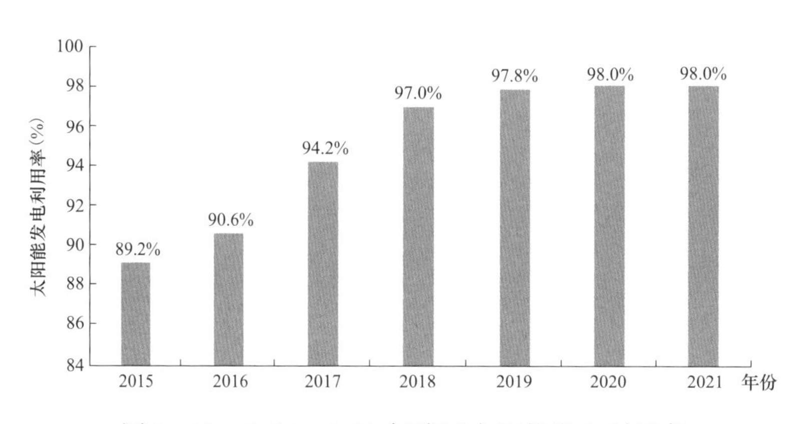

图2-11　2015—2021年我国太阳能发电利用率

图2-12　2015、2021年弃光地区分布对比（一）

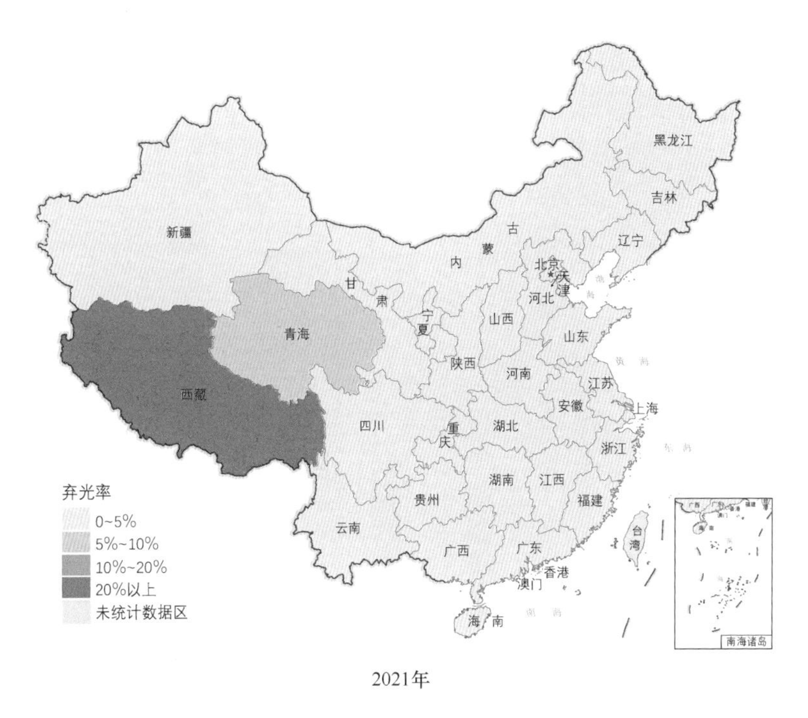

2021年

图 2-12 2015、2021 年弃光地区分布对比（二）

2.4 新能源发电市场化交易

目前，我国新能源消纳以“保量保价”的保障性收购为主，部分新能源电量参与市场，由市场形成价格。新能源发电量仍以优先发电的形式保留在电量计划中。保障小时数内对应的电量按资源区的指导价执行，保障小时数以外部分采用市场化方式形成价格。

为促进新能源消纳，我国很多地区开展了新能源发电市场化交易探索，包括开展新能源与大用户直接交易、新能源与火电发电权交易、新能源跨省区外送等中长期交易、新能源跨区和省内现货交易等，并创新开展了绿电交易。2021 年，新能源发电市场化交易电量 2451 亿 kW·h，同比增长 55.9%，占新能源发电量的 30.1%。

2.4.1 新能源发电省间交易

2021年，新能源发电省间交易电量1300亿kW·h，同比增长42.1%，如图2-13所示。

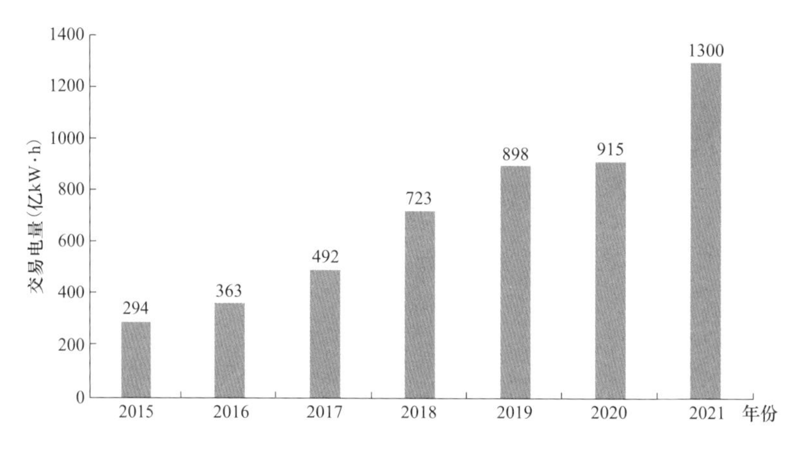

图2-13 2015—2021年新能源发电省间交易电量

2021年，新能源省间中长期交易电量1262亿kW·h，跨区现货交易电量38亿kW·h，分别占省间交易电量的97.1%和2.9%。中长期交易中，省间外送交易电量、电力直接交易电量、发电权交易电量分别为1202亿、38亿、22亿kW·h，如图2-14所示。

图2-14 2021年各类省间交易电量及占比

西北地区新能源净送出电量738亿kW·h，占全部新能源省间净送出电量的60.6%。其中，新疆、甘肃、宁夏、青海分别为332亿、164亿、164亿、90亿kW·h，如图2-15所示。

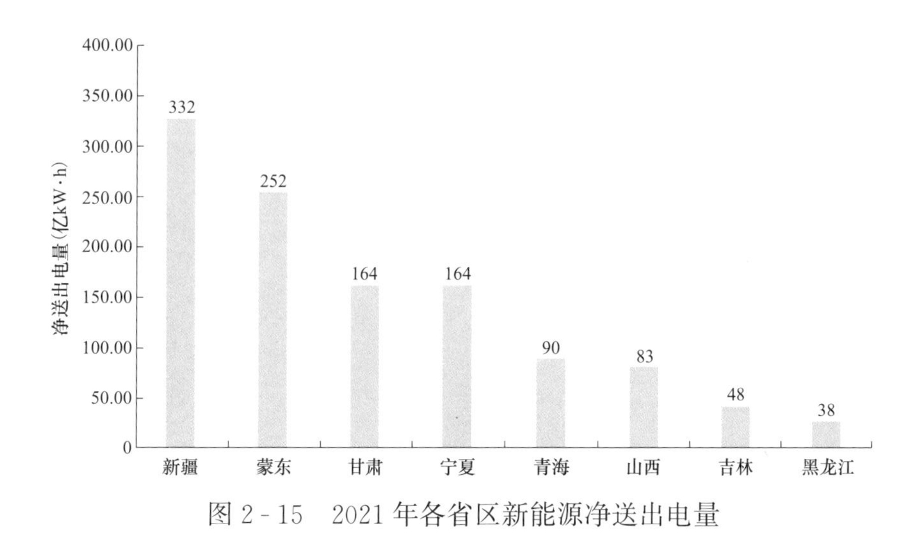

图 2-15　2021 年各省区新能源净送出电量

河南、山东、浙江、江苏为新能源净受入大省，净受入电量分别为 236 亿、200 亿、126 亿、118 亿 kW•h，合计占全部新能源省间净受入电量的 59.9%，如图 2-16 所示。

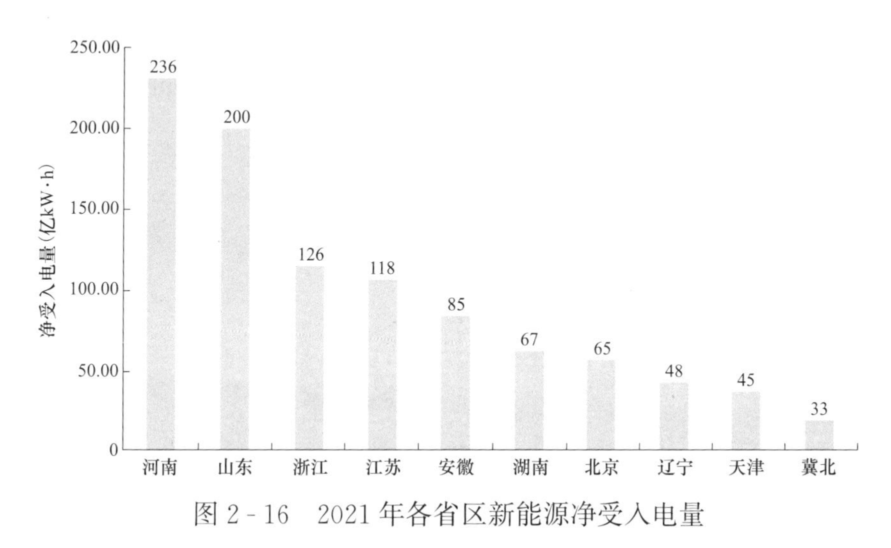

图 2-16　2021 年各省区新能源净受入电量

2.4.2　新能源发电省内交易

2021 年，新能源省内市场化交易电量 1151 亿 kW•h，同比增长 75.2%。

新能源省内市场化交易主要为电力直接交易和发电权交易，均为中长期交易，2021年交易电量分别为935亿kW·h和119亿kW·h，分别占新能源省内市场化交易总量的81.2%和10.3%，如图2-17所示。

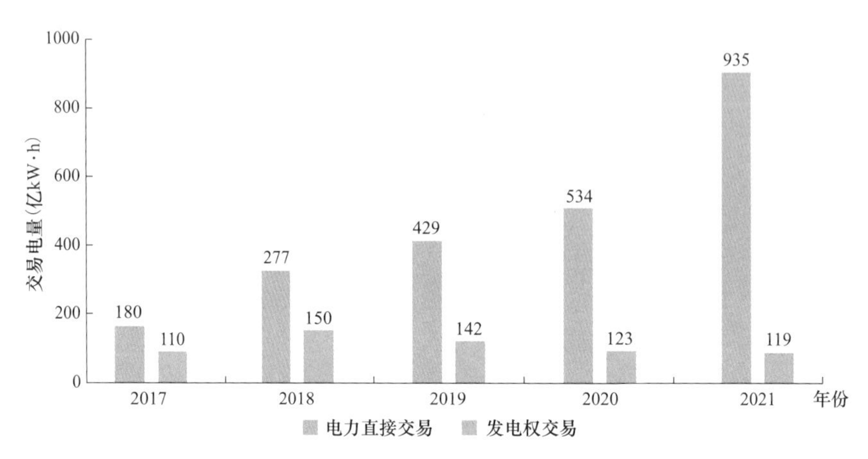

图2-17　2017—2021年新能源省内市场化交易电量

2021年，西北地区新能源省内市场化交易电量570亿kW·h，占全部新能源省内市场化交易的49.5%。其中，新疆、青海、宁夏、甘肃新能源省内市场化交易电量分别为185亿、160亿、104亿、101亿kW·h，如图2-18所示。

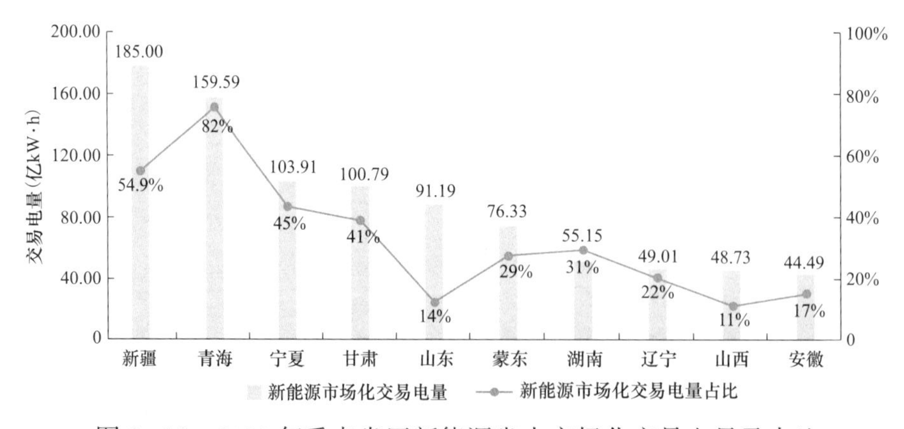

图2-18　2021年重点省区新能源省内市场化交易电量及占比

2.4.3　绿色电力交易

绿色电力交易是在电力中长期市场体系框架内设立的一个全新交易品种。

简单而言，就是用户可以通过电力交易的方式购买风电、光伏等新能源电量，消费绿色电力，并获得相应的绿色认证。

绿色电力市场交易可全面反映绿色电力的电能价值和环境价值，促进新能源发展，同时可为电力用户购买绿色电力、实现产品零碳需求提供更加便捷可行的购买途径。

2021年，北京电力交易中心累计组织开展绿电交易76.38亿kW•h，其中首次试点交易68.98亿kW•h，后续新增交易7.4亿kW•h；17个省份参与，省内交易58.37亿kW•h，省间交易18.01亿kW•h。广州电力交易中心组织30家市场主体成交绿色电力9.1亿kW•h，其中风电、光伏发电分别为3.0亿、6.1亿kW•h。

从参与主体来看，呈现高度集中的特点，发电侧光伏成交电量占比91%、风电占比9%，用户侧成交电量排名前五的企业电量占比达81%，华东地区的跨国企业、外向型企业购买绿电需求较为强烈。

从交易价格来看，首次试点交易成交电价较当地中长期市场均价高3～5分/（kW•h）；《国家发展改革委关于进一步深化燃煤发电上网电价市场化改革的通知》印发后，随着燃煤电量市场化交易价格上涨，绿电交易价格随燃煤价格有所上涨，较当地原燃煤基准价平均上涨6分/（kW•h）。

3

新能源发电技术和装备

章节要点

风电机组研发和制造技术稳步提升。2021年，我国风电产业技术创新能力和速度持续提升，新增装机的风电机组平均单机容量为3514kW，同比增长31.7%。陆上风电和海上风电机组最大单机容量已分别达到6MW和16MW。

风电机组大型化进程不断提升。2021年，风电新增机组平均轮毂高度达到107m，同比增长6m；最高轮毂高度为166m，同比增长4m；平均风轮直径增长到151m，同比增长15m。风电机组大型化成功推动了产业链升级，在提高风、土资源利用的同时也对景观起到了改善作用。

光伏产业头部企业规模优势明显。在多晶硅、硅片、晶硅电池片、组件等方面排名前五的企业产量均超过50%，其中，多晶硅产量排名前五企业占比最高，达到86.7%，且产量均超过5万t。

晶硅电池片转换效率和电池组件功率持续提升。2021年，规模化生产的P型单晶电池均采用PERC技术，平均转换效率达到23.1%，较2020年提高0.3个百分点。采用166、182mm尺寸PERC单晶电池的组件功率已分别达到455、545W；采用210mm尺寸55片、66片的PERC单晶电池的组件功率分别达到550、660W。未来，随着技术的进步，各种类型组件功率基本上以不低于5W/年的增速向前推进。

3.1 风力发电技术和装备

2021年，我国风电产业技术创新能力快速提升，已具备大兆瓦级风电整机、关键核心大部件自主研发制造能力，建立形成了具有国际竞争力的风电产业体系，我国风电机组产量已占据全球三分之二以上市场份额，我国作为全球最大风机制造国地位持续巩固加强。

风电机组研发和制造技术稳步提升。2021年，我国风电产业技术创新能力和速度持续提升，新产品研发和迭代速度不断加快，风电机组单机容量进一步增大，塔筒高度进一步提高，新增装机的风电机组平均单机容量为3514kW，同比增长31.7%。陆上风电方面，新增装机机组平均单机容量为3114kW，最新的机组已经达到6MW以上，2021年底全国首个陆上单机容量6MW商业化风电项目——新疆华电苇湖梁新能源有限公司达坂城100MW风电项目（一期50MW）并网发电；海上风电方面，新增装机机组平均单机容量为5563kW，最大单机容量已经达到16MW，明阳智能MySE 12MW半直驱海上机组下线，成为目前全球最大的抗台风半直驱海上机组。东方电机研制的13MW海上永磁直驱风电电机完成试验认证，标志着亚洲单机容量最大的海上永磁直驱风电电机成功研制。

机组大型化进程持续提升。风电机组轮毂高度达到新高度。2021年，在全国新增装机的风电机组中，平均轮毂高度达到107m，比2020年增长了6m；2021年轮毂高度最大值为166m，比2020年增长了4m。目前风电机组轮毂高度最高达到170m。风电机组风轮直径增大趋势明显。2021年，平均风轮直径增长到151m，较2020年增长了15m，目前，陆上风轮直径最大已经超过190m，海上风轮最大超过210m。风电机组大型化成功推动了产业链升级，在提高风、土资源利用的同时也对景观起到了改善作用。2017—2021年全国新增风电机组平均和最大轮毂高度如图3-1所示。2017—2021年风电机组风轮直径变化如图 3 - 2 所示。

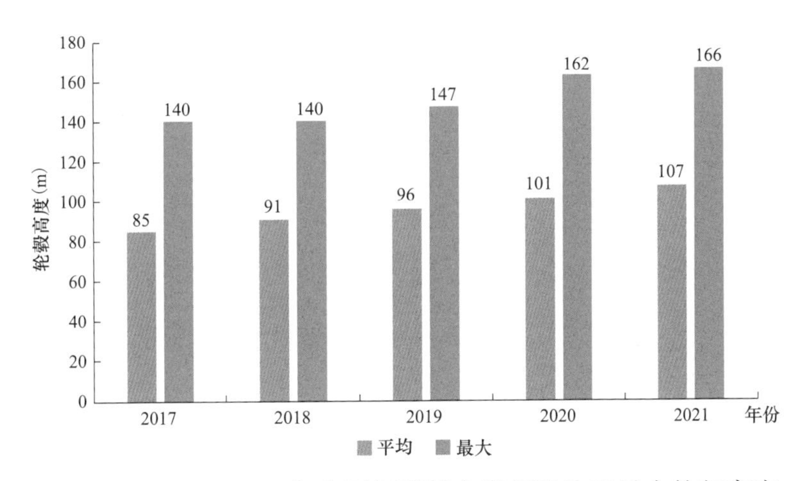

图 3 - 1　2017—2021 年全国新增风电机组平均和最大轮毂高度

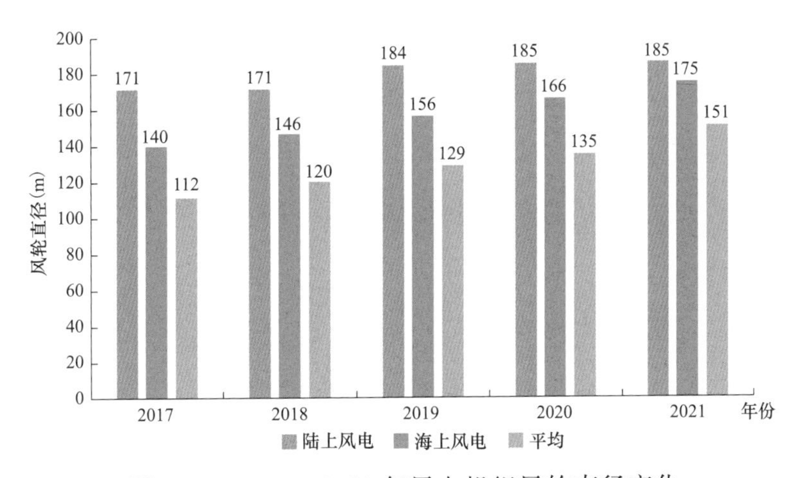

图 3 - 2　2017—2021 年风电机组风轮直径变化

风电智慧化进程不断加快。三一重能建成国内风电行业第一条总装脉动式柔性生产线，线内配置了工业机器人、数字化拧紧等先进的自动化设备，形成了工序平衡和快速反应的流程化生产模式，大幅提升风电主机的自动化和柔性化生产能力。借助自动化、数字化和智能化技术全面提升叶片智能制造能力。通过智能装备、自动化、数字化及大数据应用，高效协同实现自动化、准时化生产，打造持续改进叶片制造和运营系统，实现成本、质量、效率的最优配置。建设风电主机智能工厂，应用数字孪生技术，最终构建虚拟工厂，实现了整机从生产到交付的全流程透明、高效、可控，为风电基地项目按时交付提供保障。

3.2 光伏发电技术和装备

经过十几年的发展，光伏产业已成为我国少有的形成国际竞争优势、实现端到端自主可控、并有望率先成为高质量发展典范的战略性新兴产业，也是推动我国能源变革的重要引擎。目前我国光伏产业在制造业规模、产业化技术水平、应用市场拓展、产业体系建设等方面均位居全球前列，已经成为我国为数不多的具备国际竞争力的产业之一。

2021 年我国光伏产业发展继续保持突飞猛进的势头，头部企业规模优势明显[3]。**多晶硅方面，**全国多晶硅产量达 50.5 万 t，同比增长 27.5%，其中，排名前五企业产量占国内多晶硅总产量 86.7%，且产量均超过 5 万 t。**硅片方面，**全国硅片产量约为 227GW，同比增长 40.6%。其中，排名前五企业产量占国内硅片总产量的 84%，且产量均超过 10GW。**晶硅电池片方面，**全国电池片产量约为 198GW，同比增长 46.9%，其中，排名前五企业产量占国内电池片总产量的 53.9%，前 6 家企业产量超过 10GW。**组件方面，**全国组件产量达到 182GW，同比增长 46.1%，以晶硅组件为主，其中，排名前五企业产量占国内组件总产量的 63.4%，前 5 家企业产量超过 10GW。

各种电池技术平均转换效率均有所提升。2021 年，规模化生产的 P 型单晶电池均采用 PERC 技术，平均转换效率达到 23.1%，较 2020 年提高 0.3 个百分点，先进企业转换效率达到 23.3%；采用 PERC 技术的多晶黑硅电池片转换效率达到 21.0%，较 2020 年提高 0.2 个百分点；常规多晶黑硅电池则效率提升动力不强，2021 年转换效率约 19.5%，仅提升 0.1 个百分点，未来效率提升空间有限；铸锭单晶 PERC 电池平均转换效率为 22.4%，较单晶 PERC 电池低 0.7 个百分点；N 型 TOPCon 电池平均转换效率达到 24.0%，异质结电池平均转换效率达到24.2%，两者较2020年均有较大提升。未来随着生产成本的降低及效率的提升，N型电池将会是电池技术的主要发展方向之一，见表3-1。

表3-1　　2021年我国各主要晶硅电池片技术量产化转换效率

类型	类别	平均转换效率（%）
多晶	BSF-P型多晶硅黑硅电池	19.5
	PERC-P型多晶黑硅电池	21.0
	PERC-P型铸锭单晶电池	22.4
P型单晶	PERC-P型单晶电池	23.1
N型单晶	N-PERT+TOPCon单晶电池（正面）	24.0
	硅基异质结N型单晶电池	24.2
	背接触N型单晶电池	24.1

户用项目的需求逐步向高效产品转变。2021年，新建量产产线仍以PERC电池产线为主。随着PERC电池片新产能持续释放，PERC电池片市场占比进一步提升至91.2%。随着国内户用项目的产品需求开始转向高效产品，原本对常规多晶产品需求较高的海外市场也转向高效产品，2021年常规电池片（BSF电池）市场占比下降至5%，较2020年下降3.8个百分点。N型电池（主要包括异质结电池和TOPCon电池）相对成本较高，量产规模仍较少，目前市场占比约为3%，较2020年基本持平。

电池组件功率持续提高。2021年，常规多晶黑硅组件功率约为345W，PERC多晶黑硅组件功率约为420W。采用166、182mm尺寸PERC单晶电池的组件功率已分别达到455、545W；采用210mm尺寸55、66片的PERC单晶电池的组件功率分别为550W和660W。采用166、182mm尺寸TOPCon单晶电池组件功率分别达到465、570W。采用166mm尺寸异质结电池组件功率达到470W。采用166mm尺寸MWT单晶组件72、89.5片组件功率分别为465W和575W。未来几年，随着技术的进步，各种类型组件功率基本上以不低于5W/年的增速向前推进。不同类型组件功率见表3-2。

表 3-2　　不同类型组件功率

类型	类别[1]	平均功率（W）
多晶	BSF 多晶黑硅组件（157mm）	345
	PERC-P 型多晶黑硅组件	420
P 型单晶	PERC-P 型铸锭单晶组件	450
	PERC-P 型单晶组件	455
N 型单晶	N-PERT/TOPCon 单晶组件	465
	异质结组件	470
	IBC 组件	355
MWT 封装	MWT 单晶组件	465

电池组件市场逐渐向双面和更小尺寸倾斜。2021 年，随着下游应用端对于双面发电组件发电增益的认可，以及受到美国豁免双面发电组件 201 关税影响，双面组件市场占比较 2020 年上涨 7.7～37.4 个百分点。预计到 2023 年，单双面组件市场占比基本相当。半片组件市场占比为 86.5%，同比增加 15.5 个百分点。由于半片或更小片电池片的组件封装方式可提升组件功率，预计未来其所占市场份额会持续增大。

薄膜太阳能电池效率再创新高。薄膜太阳能电池具有衰减低、质量轻、材料消耗少、制备能耗低、适合与建筑结合（BIPV）等特点，目前能够商品化的薄膜太阳能电池主要包括铜铟镓硒（CIGS）、碲化镉（CdTe）、砷化镓（GaAs）等。当前，全球碲化镉薄膜电池实验室效率纪录达到 22.1%，组件实验室效率达 19.5%左右，产线平均效率为 15%～18%；铜铟镓硒（CIGS）薄膜太阳能电池实验室效率纪录达到 23.35%，组件实验室效率达 19.64%左右，组件产线平均效率为 15%～17%；Ⅲ-Ⅴ族薄膜太阳能电池，具有超高的转换效率，稳定性好，抗辐射能力强，在特殊的应用市场具备发展潜力，但由于目前成本高，市场有待开拓，生产规模不大；钙钛矿太阳能电池，实验室转换效率较高，但稳定性差，目前仍处于实验室及中试阶段。

[1] 晶硅电池 60 片全片组件。

3.3 光热发电技术和装备

我国太阳能热发电产业链的主要特点是以易于获得、安全且丰富的原材料为出发点和起点，如钢铁、水泥、超白玻璃、高温吸热及传储热材料（导热油、熔融盐）、保温材料等，带动了自主知识产权的产业链核心装备的发展，如反射镜、定日镜、塔式吸热器、槽式聚光器、槽式吸热管、高精度传动箱、支架、就地控制器、储热装置/系统、滑压汽轮机等。在国家第一批光热发电示范项目中，设备、材料国产化率超过 90%，技术及装备的可靠性和先进性在电站投运后得到有效验证。在青海中控德令哈 50MW 塔式光热发电项目中，设备和材料国产化率已达到 95%以上。据不完全统计，2021 年，我国从事太阳能热发电相关产业链产品和服务的企事业单位数量近 550 家；其中，太阳能热发电行业特有的聚光、吸热、传储热系统相关从业企业数量约 320 家，约占目前太阳能热发电行业相关企业总数的 60%，以聚光领域从业企业数量最多，约 170 家[4]。

我国已经建立了数条太阳能热发电专用的部件和装备生产线，具备了支撑太阳能热发电大规模发展的供应能力。据不完全统计，我国已经拥有太阳能超白玻璃原片生产线 5 条，年产能 9200 万 m^2；槽式玻璃反射镜生产线 6 条，年产能 2350 万 m^2；平面镜生产线 6 条，年产能 3360 万 m^2；槽式真空吸热管生产线 10 条，年产能 100 万支；跟踪驱动装置生产线 21 条，年产能 2 万套；导热油生产线 9 条，年产能 50 万 t；熔融盐生产线 15 条，年产能 60 万 t；塔式定日镜和槽式集热器组装生产线各 19 条。其中，AGC 集团艾杰旭特种玻璃（大连）有限公司的太阳能超白玻璃年产能最大，产能设计为 700t/天，年产光热发电用太阳能超白玻璃可达 2GW。目前已经为国内太阳能光热发电以及太阳能热利用项目供应 556MW 的太阳能超白玻璃，国外供货数量达到 473MW，总计约 1.03GW。

太阳能热发电关键部件的生产销售和太阳能热发电项目的建设密切相关。目前我国共有8座规模化太阳能热发电项目并网发电，每个项目的使用情况与设备部件供应商的出货量基本吻合，根据太阳能光热产业技术创新战略联盟统计，近年来投产的太阳能热发电站共使用反射镜691万m^2，熔盐21万t，真空吸热管10万支，导热油1万t。从国别来看，反射镜供货方主要以国内企业为主，在投运的太阳能热发电示范项目总使用量中占比约91.03%；熔盐供货商均为国内企业；在3座线聚焦型太阳能热发电项目中（槽式和线性菲涅尔式），吸热管国内供货占比73.12%；导热油国内供货比例占71.43%。对于槽式电站而言，集热器离不开柔性连接，其主要功能为：真空集热管和冷热汇管连接，补偿真空集热管的轴向位移，补偿集热器方位角旋转位移。以上三项功能需要同时实现，并达到较长的使用寿命，因此对产品的性能要求比较高。国内外柔性连接主要有球形接头组合形式、平面旋转接头金属软管组合形式、单根金属软管连接形式三种结构形式。在已经投运的中广核德令哈和乌拉特槽式电站中，柔性连接均由国外公司提供。目前，我国企业研制的旋转接头金属软管组件也实现了工程验证应用，累计应用数量达到1040套。

3.4 其他新能源发电技术和装备

除风力发电和太阳能发电技术外，我国生物质发电技术也已经取得了显著的发展成就。生物质发电主要包括农林生物质发电、垃圾焚烧发电和沼气发电。其中，农林生物质发电、垃圾焚烧发电是我国装机规模最大的生物质发电[5]。

3.4.1 垃圾焚烧发电

工艺流程。生活垃圾焚烧发电已成为我国市场化进程中基础设施，是生活垃圾处理的主要方式。生活垃圾焚烧发电主要流程为：生活垃圾由垃圾封闭运输车运至发电厂⟶电子汽车称过磅⟶卸入封闭的垃圾料坑内⟶垃圾入焚烧炉，在焚烧炉内高温燃烧，焚烧产生的烟气将水加热，并生成蒸汽，蒸汽驱动汽轮机组发电，焚烧产生的烟气经尾气处理装置净化后达标排放，焚烧产生的炉渣可以作为一般废物处理，布袋除尘器处理后的飞灰作为危险废物加水泥与螯合剂固化处理，垃圾渗滤液经净化处理后综合利用。

垃圾焚烧炉技术。目前国内应用较多、技术较成熟的生活垃圾焚烧炉的炉型主要有机械炉排炉、流化床焚烧炉、回转窑焚烧炉三种，热效率为78%～85%。其中，炉排炉焚烧工艺和流化床焚烧工艺在我国应用均较为广泛，如图3-3所示，其中80%以上都采用机械炉排炉。

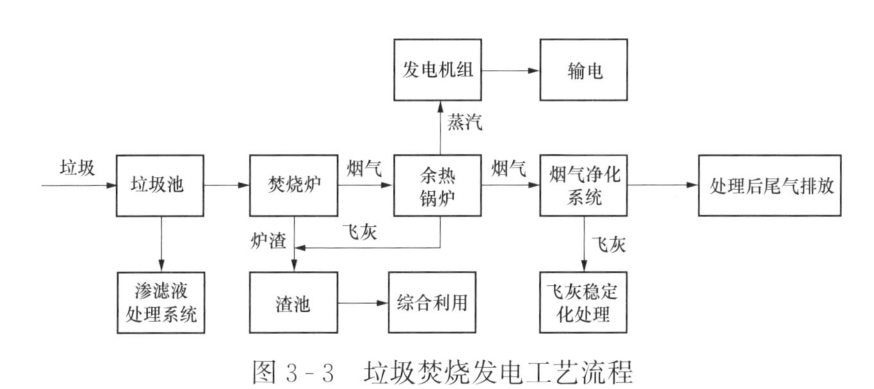

图3-3 垃圾焚烧发电工艺流程

3.4.2 农林生物质发电

生物质直接燃烧发电工艺是将农林生物质直接送往锅炉中燃烧，以产生的蒸汽推动汽轮机做功，再带动发电机发电。其原理是将储存在生物质中的化学能通过锅炉燃烧转化为蒸汽的内能，再通过蒸汽轮机转化为转子的机械能，最后通过发电机转化为清洁高效的电能。

生物质直燃发电的工艺系统主要包括生物质加工处理及输送系统、锅炉系统、汽轮机系统、发电机系统、化学水处理系统、电气及控制系统、除灰除渣系统、烟气处理系统等，其中主机设备主要指锅炉、汽轮发电机组、除尘设备。

生物质直燃发电与燃煤发电十分相似，两者都是燃料在锅炉内燃烧产生蒸汽、汽轮机将蒸汽的热能转化为机械能、发电机再将机械能转化为电能的过程。但由于燃料的特性不同，这两种发电方式对锅炉的要求也有所不同，主要是生物质燃料具有高氯、高碱、高挥发分、低灰熔点等特点，燃烧时易腐蚀锅炉受热面，并产生结渣、结焦等现象。因此，对生物质直燃锅炉的设计有特殊的技术要求。

生物质直燃发电工艺成熟，整套生物质发电系统可以稳定而连续地运行，并能够高效率、大规模地处理多种生物质燃料。

4

新能源发电经济性

风电初始投资成本延续下降态势，光伏初始投资成本不降反升。2021 年，我国陆上风电初始投资成本在 5000～6500 元/kW，海上风电初始投资成本约为 10 500～16 800 元/kW，均较 2020 年大幅下降；受光伏组件成本升高的影响，光伏地面电站初始投资成本约为 4150 元/kW，较 2020 年明显上升。

陆上风电的平准化度电成本（LCOE）保持平稳下降趋势，海上风电下降速度先快后慢。据彭博新能源财经测算，2030 年我国陆上风电 LCOE 为 0.137～0.237 元/（kW·h），平均为 0.187 元/（kW·h），2022—2030 年间我国陆上风电 LCOE 保持平稳下降趋势。2030 年我国海上风电 LCOE 为 0.240～0.443 元/（kW·h），平均为 0.332 元/（kW·h），2022—2030 年间我国海上风电 LCOE 下降速度呈现先快后慢的特点。

光伏发电的平准化度电成本继续保持快速下降趋势。据彭博新能源财经测算，2030 年我国光伏地面电站 LCOE 为 0.139～0.255 元/（kW·h），平均为 0.180 元/（kW·h），2022—2030 年我国光伏电站 LCOE 保持快速下降趋势。

4.1 风电成本现状

4.1.1 初始投资成本

（一）陆上风电

2021年，我国陆上风电初始投资成本为5000～6500元/kW，较2020年大幅下降。其中，风电机组成本（含塔筒）占比最大，为49%，建安工程费占比26%，接网成本占比14%，其他费用占比11%。2021年陆上风电初始投资构成如图4-1所示。

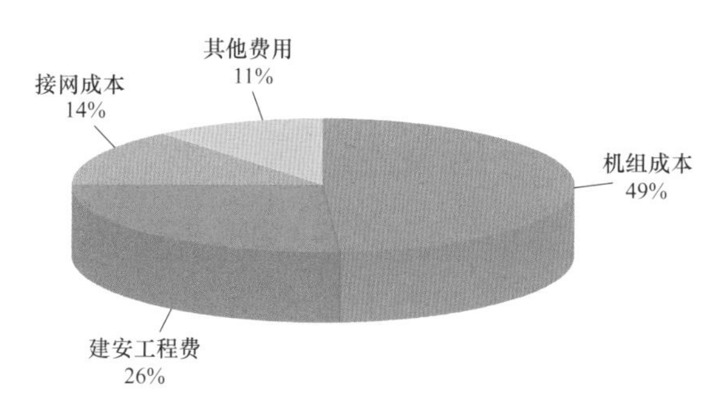

图4-1 2021年陆上风电初始投资成本构成

根据公开的招投标信息，国内陆上风电的风机（不含塔筒）月度投标价格自2021年初由2800元/kW左右快速下降，到2021年底降至1800元/kW左右，降幅达到36%。2022年1—2月招标价格较2021年底依旧在稳步下降，部分标的降至1400元/kW以内。风机价格快速下降的主要原因包括：一是钢材等大宗原材料价格下降，低于历史同期最低水平；二是新招标的风机单机容量在6MW以上，直接降低了总单位功率造价水平；三是受强制配置储能影响，开发成本向风机传导，压缩风机利润。2020年12月—2022年3月年月度风机公开投标均价如图4-2所示。

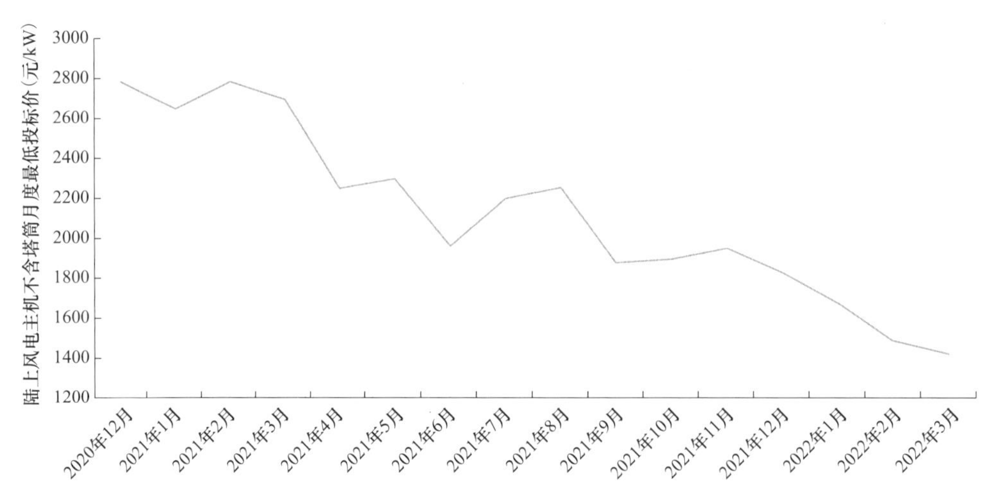

图 4-2　2020 年 12 月—2022 年 3 月年月度风机公开投标均价

（二）海上风电

2021 年，我国海上风电初始投资成本为 10 500～16 800 元/kW，延续下降态势。海上风电投资主要包括机组成本、建安工程费、送出工程和其他费用，其中风电机组（含塔筒）占总投资的 43%，建安工程费、送出工程和其他费用分别占比约 26%、21%和 10%，如图 4-3 所示。

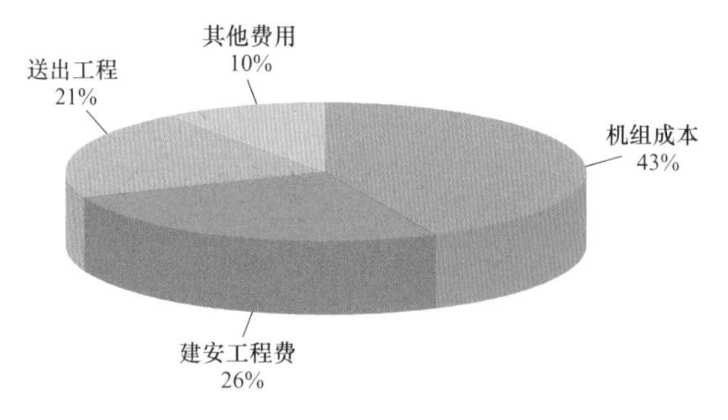

图 4-3　2021 年海上风电初始投资成本构成

受益于产业链协同及成本优势，大容量机组设备的研发投运，我国海上风电机组（含塔筒）价格快速下降，根据海上风电公开招标项目机组价格统计，2021 年我国海上风电机组价格为 4000～5500 元/kW，个别项目投标价格低至 3548 元/kW。

4.1.2 平准化度电成本[1]

2021年我国陆上风电LCOE为0.031～0.059美元/（kW·h），平均为0.045美元/（kW·h），折合人民币为0.200～0.381元/（kW·h），平均为0.290元/（kW·h）。[2]

2021年我国海上风电LCOE为0.063～0.118美元/（kW·h），平均为0.082美元/（kW·h），折合人民币为0.406～0.761元/（kW·h），平均为0.529元/（kW·h）。

4.2 光伏发电成本现状

4.2.1 初始投资成本

光伏行业协会研究显示，2021年我国光伏电站的初始投资成本约为4.15元/W，较2020年明显上升。推动光伏电站初始投资成本上升的主要原因是光伏组件成本的升高。

光伏发电初始投资成本可分为光伏组件成本、建安工程成本、接网成本、其他成本。其中，光伏组件成本占比最大，为46%；其次是建安工程成本，占比约为22%；电网接入成本占比约为15%，其他成本占比约为17%，如图4-4所示。

受上下游产能错配等因素影响，2021年光伏上游价格持续上涨，硅料全年涨幅超过了170%，硅片、电池片、组件的价格均出现了明显上涨。2021年，

---

[1] 平准化度电成本（LCOE，Levelized Cost of Energy）是对项目生命周期内的成本和发电量进行平准化后计算得到的发电成本。LCOE不考虑财务成本、税收等，计算一定折现率下的度电成本。相比于经营期电价计算方法，LCOE一般低15%～30%。

[2] 数据来源于彭博新能源财经（BNEF），其中美元与人民币汇率取2021年均值，1美元=6.4512元人民币。

182mm 单面单晶 PERC 组件价格如图 4－5 所示，组件价格全年呈上升趋势，11 月达到峰值，较 1 月上涨了 23%，12 月价格略有回落，但仍比 1 月上涨了 16%。

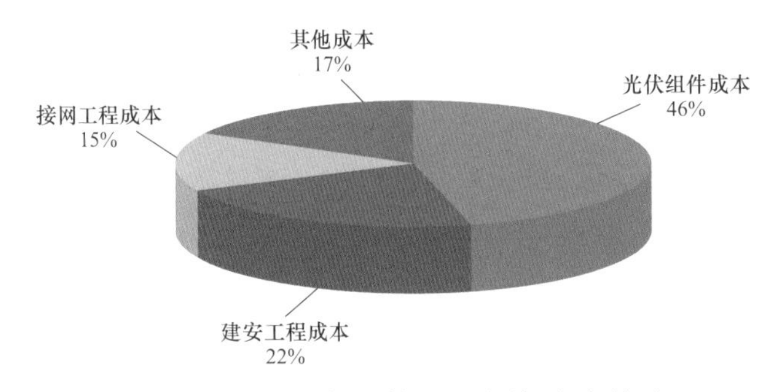

图 4－4　2021 年光伏发电投资成本构成

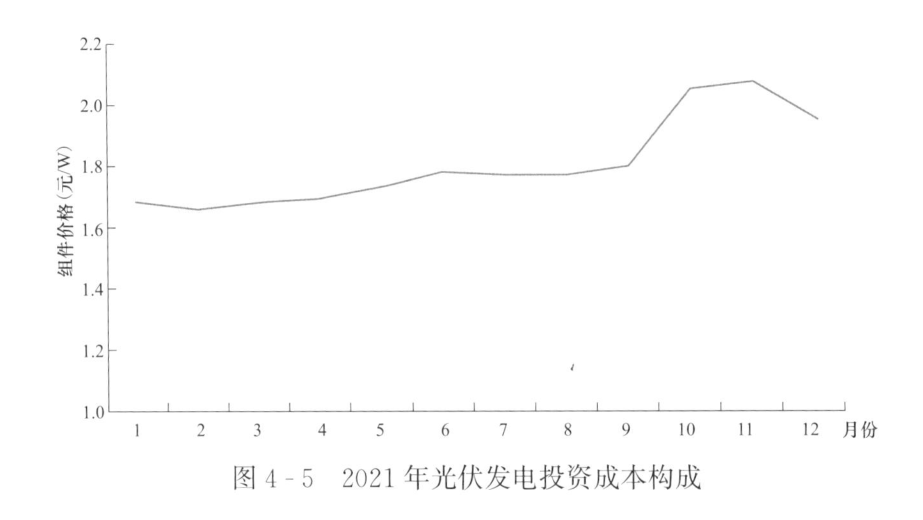

图 4－5　2021 年光伏发电投资成本构成

4.2.2　平准化度电成本

2021 年，我国光伏地面电站 LCOE 为 0.030～0.059 美元/（kW·h），平均为 0.041 美元/（kW·h），折合人民币为 0.194～0.381 元/（kW·h），平均为 0.264 元/（kW·h）[1]。受硅料成本和大宗商品价格上涨、光伏装机快速增长等多重因素影响，2021 年我国光伏地面电站平均 LCOE 同比上涨 26%。

[1] 数据来源于彭博新能源财经（BNEF）。

4.3 新能源度电成本未来变化趋势

4.3.1 风电度电成本变化趋势

据彭博新能源财经测算，2022—2030 年间我国陆上风电 LCOE 保持平稳下降趋势，2030 年陆上风电的 LCOE 为 0.021～0.037 美元/（kW•h），折合人民币为 0.137～0.237 元/（kW•h），平均为 0.187 元/（kW•h）。BNEF 对我国陆上风电 LCOE 的预测结果如图 4-6 所示。

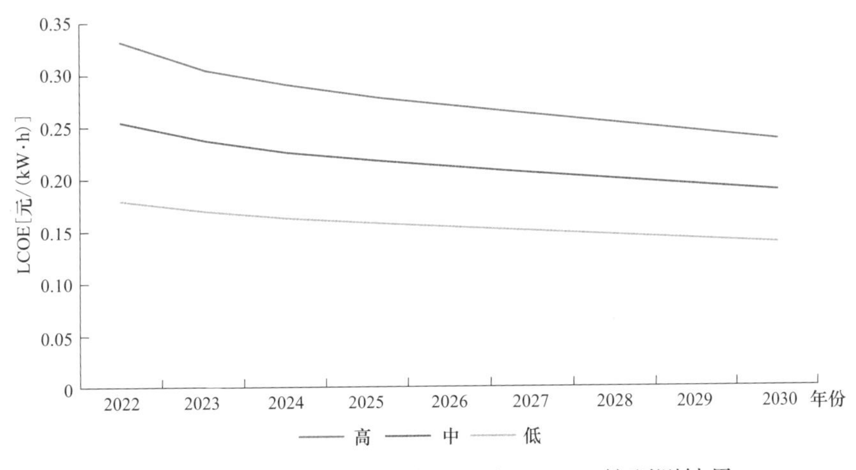

图 4-6 BNEF 对我国陆上风电 LCOE 的预测结果

彭博新能源财经测算结果显示，2022—2030 年间我国海上风电 LCOE 下降速度先快后慢，2030 年海上风电的 LCOE 为 0.037～0.069 美元/（kW•h），折合人民币为 0.240～0.443 元/（kW•h），平均为 0.332 元/（kW•h），如图 4-7 所示。

4.3.2 光伏度电成本变化趋势

（一）光伏行业协会

光伏行业协会对年利用小时数为 1800、1500、1200、1000h 的光伏电站全投资模式下的LCOE开展测算，2022—2030光伏电站LCOE呈现稳步下降趋势，如图4-8所示。

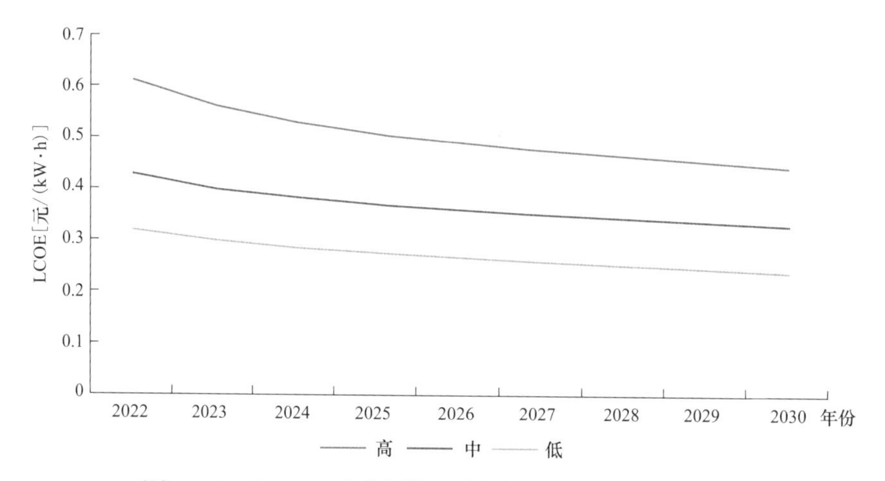

图4-7 BNEF对我国海上风电LCOE的预测结果

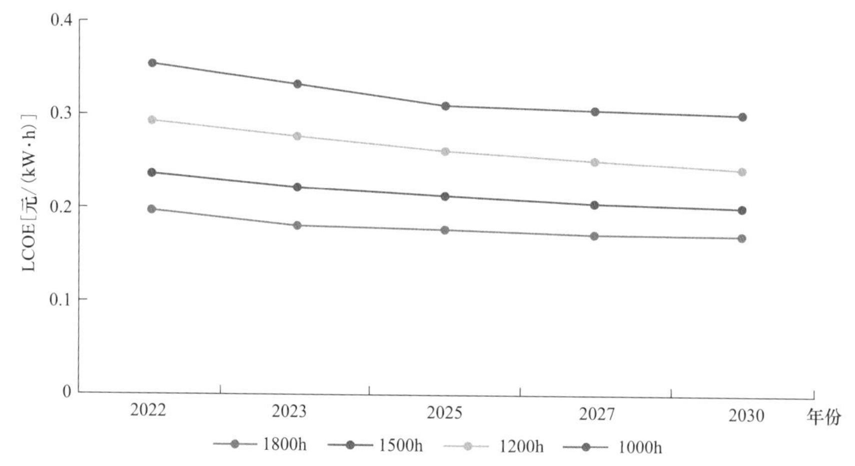

图4-8 2022—2030年光伏地面电站不同等效利用小时数LCOE估算

（二）彭博新能源财经

据彭博新能源财经测算，2022—2030年我国光伏电站LCOE仍保持快速下降趋势，如图4-9所示。2030年光伏电站的LCOE为0.022～0.040美元/(kW·h)，折合人民币为0.139～0.255元/（kW·h)，平均为0.180元/（kW·h)。[1]

[1] 光伏行业协会LCOE计算方法参照《光伏发电系统效能规范》并考虑了增值税。BNEF计算公式与《光伏发电系统效能规范》不同且不考虑增值税。

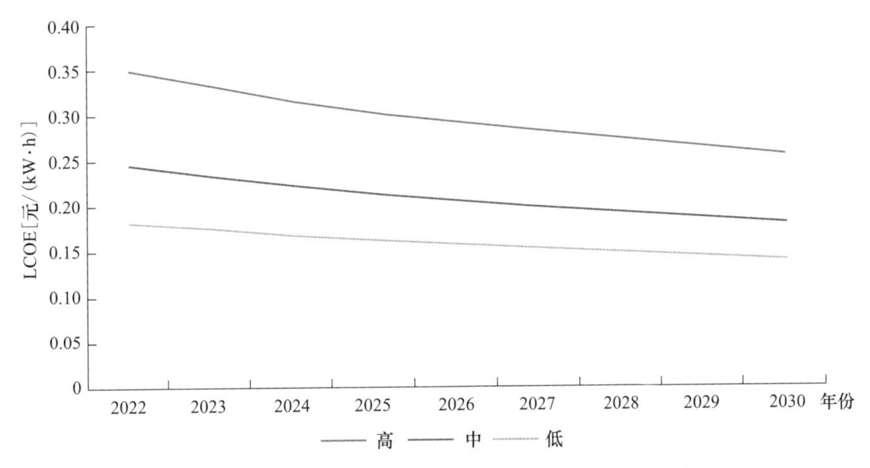

图 4-9 BNEF 对我国光伏电站 LCOE 的预测结果

5

新能源发电产业政策

发展规模管理方面：强化可再生能源电力消纳责任权重引导机制，建立并网多元保障机制，加快推进存量项目建设，以消纳支撑开发需求。

项目建设管理方面：大力发展沙漠、戈壁、荒漠地区的大型风光基地项目；科学推进分布式光伏规模化开发建设；积极推进源网荷储一体化和多能互补项目。

运行消纳方面：下发各省级行政区域 2021 年可再生能源电力消纳责任权重，提出约束性指标和激励性指标；鼓励发电企业配置灵活调节资源，引导市场主体多渠道增加新能源并网规模；明确电网企业“能并尽并、多发满发”原则，助力完成能耗双控目标，推动能源低碳转型，促进新能源消纳。

价格补贴方面：进一步完善补贴资金管理制度，明确拨付条件；继续推动竞争性配置，充分发挥价格信号引导作用。

市场建设方面：进一步扩大现货试点，引导新能源项目以 10%预期电量竞争上网；优先鼓励有绿色电力需求的用户与新能源发电企业直接交易。

随着“双碳”目标的提出，我国风电、光伏发电发展的政策环境发生深刻变化。2021年国家发布了多项新能源相关产业政策，内容涉及风光建设方案、可再生能源电力消纳责任权重、新能源上网电价、分布式光伏规模化开发试点等政策文件，我国新能源发展思路、发展机制、发展模式等发生重大调整，推动新能源发展由“消纳引导开发规模”向由“消纳支撑开发需求”转变，实现新能源大规模、高比例、市场化、高质量发展。

5.1 国家对新能源发展的政策要求

2020年以来，习近平总书记发表了一系列重要讲话，随后中共中央、国务院发布了多项重要文件，传递了对绿色低碳可持续发展的坚定信心，为我国新能源高质量发展指明了前进方向。

2020年9月22日，习近平总书记在第七十五届联合国大会一般性辩论上宣布：中国将提高国家自主贡献力度，采取更加有力的政策和措施，二氧化碳排放力争于2030年前达到峰值，努力争取2060年前实现碳中和。

2020年12月12日，习近平总书记在气候雄心峰会上宣布：到2030年，中国单位国内生产总值二氧化碳排放将比2005年下降65%以上，非化石能源占一次能源消费比重将达到25%左右，森林蓄积量将比2005年增加60亿m^3，风电、太阳能发电总装机容量将达到12亿kW以上。

2021年3月12日，《中华人民共和国国民经济和社会发展第十四个五年规划和2035年远景目标纲要》明确风电、光伏等可再生能源发展重点，提出：推进能源革命，建设清洁低碳、安全高效的能源体系，提高能源供给保障能力；加快发展非化石能源，坚持集中式和分布式并举，大力提升风电、光伏发电规模，加快发展东中部分布式能源，建设一批多能互补的清洁能源基地。

2021年3月15日，习近平总书记主持召开中央财经委员会第九次会议，会议指出，“十四五”是碳达峰的关键期、窗口期，要构建清洁低碳安全高效的能源体系，控制化石能源总量，着力提高利用效能，实施可再生能源替代行动，深化电力体制改革，构建以新能源为主体的新型电力系统。

2021 年 9 月 22 日，中共中央国务院印发《关于完整准确全面贯彻新发展理念做好碳达峰碳中和工作的意见》，文件提出：大力发展风能、太阳能、生物质能、海洋能、地热能等，不断提高非化石能源消费比重。构建以新能源为主体的新型电力系统，提高电网对高比例可再生能源的消纳和调控能力。

2021 年 10 月 12 日，习近平总书记在《生物多样性公约》第十五次缔约方大会领导人峰会上宣布：中国将大力发展可再生能源，在沙漠、戈壁、荒漠地区加快规划建设大型风电光伏基地项目，第一期装机容量约 1 亿 kW 的项目已于近期有序开工。

2021 年 10 月 24 日，中共中央国务院印发《2030 年前碳达峰行动方案的通知》，文件提出：全面推进风电、太阳能发电大规模开发和高质量发展，坚持集中式与分布式并举，加快建设风电和光伏发电基地。构建新能源占比逐渐提高的新型电力系统，推动清洁电力资源大范围优化配置。

2022 年 1 月 24 日，习近平总书记在中央政治局第三十六次集体学习中明确提出，要加大力度规划建设以大型风光电基地为基础、以其周边清洁高效先进节能的煤电为支撑、以稳定安全可靠的特高压输变电线路为载体的新能源供给消纳体系。

2022 年 5 月 30 日，国务院办公厅转发国家发展改革委、国家能源局《关于促进新时代新能源高质量发展的实施方案》，提出加快推进以沙漠、戈壁、荒漠地区为重点的大型风电光伏发电基地建设，促进新能源开发利用与乡村振兴融合发展，推动新能源在工业和建筑领域应用，引导全社会消费新能源等绿色电力。

2022 年 6 月 1 日，国家九部委联合印发了《“十四五”可再生能源发展规划》，以“双碳”目标为核心聚焦，明确 2025 年可再生能源消费总量达到 10 亿 t 标准煤，并且增量在一次能源增量中的占比将超过一半，为“十四五”期间可再生能源的发展规划了路径，并作出“将进入高质量跃升发展新阶段”的判断，从“大规模发展、高比例发展、市场化发展、高质量发展”几个方面研判了新的发展特征。

5.2　2021年新能源发电产业政策要点

5.2.1　年度规模管理

强化可再生能源电力消纳责任权重引导机制，建立并网多元保障机制，加快推进存量项目建设，以消纳支撑开发需求。2021年5月，国家能源局发布了《关于2021年风电、光伏发电开发建设有关事项的通知》，要求：一是2021年全国风电、光伏发电发电量占全社会用电量的比重达到11%左右，后续逐年提高，确保2025年非化石能源消费占一次能源消费的比重达到20%左右；二是强化可再生能源电力消纳责任权重引导机制，建立保障性并网、市场化并网等并网多元保障机制，加快推进存量项目建设；三是明确2020年底前已核准且在核准有效期内的风电项目、2019年和2020年平价风电光伏项目，以及竞价光伏项目直接纳入各省（区、市）保障性并网项目范围，2021年保障性并网规模不低于9000万kW；四是各省级能源主管部门应依据本省（区、市）2022年非水电最低消纳责任权重，确定2022年度保障性并网规模。

5.2.2　项目建设管理

大力发展沙漠、戈壁、荒漠地区的大型风光基地项目。2021年11月，发展改革委和国家能源局联合印发了《第一批以沙漠、戈壁、荒漠地区为重点的大型风电、光伏基地建设项目清单的通知》，明确了各地以沙漠、戈壁、荒漠地区为重点的大型风光基地项目清单，共涉及19个省，项目建设规模总计达97.05GW。要求各地要按照清单，结合“十四五”可再生能源发展规划，进一步落实并网消纳条件，根据项目成熟程度合理安排开工时序，成熟一个、开工一个，特别强调不搞运动式开工，不急于形成开工“规模”。

积极推进分布式光伏规模化开发建设。2021年6月，国家能源局综合司下发《关于报送整县（市、区）屋顶分布式光伏开发试点方案的通知》，明确党政机关建筑屋顶总面积可安装光伏发电比例不低于50%；学校、医院、村委会等公共建筑屋顶总面积可安装光伏发电比例不低于40%；工商业厂房屋顶总面积可安装光伏发电比例不低于30%；农村居民屋顶总面积可安装光伏发电比例不低于20%。2021年9月，国家能源局综合司下发《关于公布整县（市、区）屋顶分布式光伏开发试点名单的通知》，明确试点工作落实的“五不”要求（自愿不强制、试点不审批、到位不越位、竞争不垄断、工作不暂停）、试点地区屋顶安装比例完成的时限、基于电网承载力的试点方案制定、电网规划建设改造等内容，以确保整县开发试点工作规范开展。

统筹推进源网荷储一体化和多能互补项目。2021年2月，国家发展改革委、国家能源局公布《关于推进电力网源荷储一体化和多能互补发展的指导意见》，利用存量常规电源，合理配置储能，统筹各类电源规划、设计、建设、运营，优先发展新能源，积极实施存量“风光水火储一体化”提升，稳妥推进增量“风光水（储）一体化”，探索增量“风光储一体化”，严控增量“风光火（储）一体化”。2021年11月，国家能源局综合司发布《关于推进2021年度电力源网荷储一体化和多能互补发展工作的通知》，提出各省级能源主管部门是组织推进电源开发地点与消纳市场均属于本省（区、市）的“一体化”项目责任主体，按照“优化存量、资源配置，扩大优质增量供给”的原则，优先实施存量燃煤自备电厂电量替代、风光水火（储）一体化提升，“量入而出”适度就近打捆新能源，优先推进乡村振兴项目，优先考虑并重点推进相关脱贫地区“一体化”项目。

5.2.3 运行消纳

鼓励发电企业配置灵活调节资源，引导市场主体多渠道增加新能源并网规

模。2021 年 7 月，国家发展改革委、国家能源局发布《关于鼓励可再生能源发电企业自建或购买调峰能力增加并网规模的通知》。每年新增的并网消纳规模中，电网企业应承担主要责任，电源企业适当承担可再生能源并网消纳责任，随着新能源发电技术进步、效率提高，以及系统调峰成本的下降，将电网企业承担的消纳规模和比例有序调减；在电网企业承担风电和太阳能发电等可再生能源保障性并网责任以外，仍有投资建设意愿的可再生能源发电企业，鼓励在自愿的前提下自建储能或调峰资源增加并网规模，初期按照功率 15%的挂钩比例（时长 4h 以上），按照 20%以上挂钩比例的优先并网，也可通过与调峰资源市场主体进行市场化交易的方式承担调峰责任以增加可再生能源发电装机并网规模。

明确电网企业“能并尽并、多发满发”原则，助力完成能耗双控目标，促进能源低碳转型。2021 年 10 月，国家能源局综合司发布《关于积极推动新能源发电项目能并尽并、多发满发有关工作的通知》，明确各电网企业按照“能并尽并”原则，对具备并网条件的风电、光伏发电项目，切实采取有效措施，保障及时并网。各电网企业按照“多发满发”原则，严格落实优先发电制度，加强科学调度，优化安排系统运行方式，实现新能源发电项目多发满发，进一步提高电力供应能力。

5.2.4 价格补贴

进一步完善补贴资金管理制度，明确拨付条件。2021 年 5 月，财政部发布《关于下达 2021 年可再生能源电价附加补助资金预算的通知》。一是光伏扶贫项目分类拨付，按批次优先保障拨付至项目并网之日起至 2020 年底应付补贴资金的 50%；二是超出合理利用小时数的项目补贴资金收回，拨付资金已超过合理利用小时数的项目，应在后续电费结算中予以抵扣；三是享受补贴电量需扣除外购厂用电，可再生能源发电项目上网电量扣除厂用电外购电部分后按规定享受补贴；四是明确补贴清单审核时间，2019 年底前完成并网的项目，原则上应在2021年底前完成补贴清单审核，2020年起并网的项目，原则上应在并网后一年内完成补贴清单审核。

继续推动竞争性配置，充分发挥价格信号引导作用。2021年6月，国家发展改革委下发《关于2021年新能源上网电价政策有关事项的通知》。一是明确2021年新备案的集中式和工商业分布式光伏项目上网电价执行当地燃煤发电基准价；二是强调新建项目可自愿参与市场化交易形成上网电价，这意味着光伏等新能源发电市场化交易价格有可能要比燃煤基准价高，与市场化交易会拉低电价的此前行业预期明显不同；三是对于目前成本仍较高、但未来又具备发展空间的海上风电和光热发电项目，将定价权下放到省级价格主管部门，既不增加国家补贴，又推动相关行业的发展；四是确定2021年户用光伏补贴标准约3分/（kW•h），户用光伏仍将保持较快增长。

5.2.5 市场建设

进一步扩大现货试点，引导新能源项目以10%预期电量竞争上网。2021年4月，国家发展改革委、国家能源局发布《关于进一步做好电力现货市场建设试点工作的通知》，明确了电力现货试点范围扩大，拟选择上海、江苏、安徽、辽宁、河南、湖北等6省市为第二批电力现货试点。鼓励新能源项目与电网企业、用户、售电公司通过签订长周期（如20年及以上）差价合约参与电力市场。引导新能源项目10%的预计当期电量通过市场化交易竞争上网，市场化交易部分可不计入全生命周期保障收购小时数。

优先鼓励有绿色电力需求的用户与新能源发电企业直接交易。2021年11月，《国家发展改革委办公厅　国家能源局综合司关于国家电网有限公司省间电力现货交易规则的复函》要求积极稳妥推进省间电力现货交易，及时总结经验，不断扩大市场交易范围，逐步引入受端地区大用户、售电公司等参与交易，优先鼓励有绿色电力需求的用户与新能源发电企业直接交易，同时要求加强省间电力现货交易实施的跟踪分析，切实防范市场风险，保障电力系统安全稳定运行。

5.3　2021年可再生能源消纳保障机制政策调整及实施

5.3.1　可再生能源消纳保障机制政策新变化

2021年5月11日，国家能源局下发《关于2021年风电、光伏发电开发建设有关事项的通知》（国能发新能〔2021〕25号）提出强化可再生能源电力消纳责任权重引导机制，按照目标导向和责任共担原则，根据“十四五”规划目标，制定发布各省级行政区域可再生能源电力消纳责任权重和新能源合理利用率目标，引导各省级能源主管部门依据本区域非水电可再生能源电力消纳责任权重和新能源合理利用率目标积极推动本省（区、市）风电、光伏发电项目建设和跨省区电力交易。2021年5月21日，国家发展改革委、国家能源局下发《关于2021年可再生能源电力消纳责任权重及有关事项的通知》（发改能源〔2021〕704号），明确2021年消纳责任权重指标，并对可再生能源电力消纳责任权重的功能定位也进行了调整，可再生能源消纳责任权重成为各地区制定年度可再生能源电力建设规模、确定跨省跨区电力交易规模的重要依据。综合来看，相比之前，2021年可再生能源电力消纳责任权重政策主要有以下变化：

一是政策定位由促消纳向引导发展转变。2019年可再生能源消纳保障机制出台主要是为了促进各省级行政区域优先消纳可再生能源，同时促使各类承担消纳责任的市场主体公平承担消纳可再生能源电力责任。2021年可再生能源电力消纳责任权重政策促发展的导向明显，将消纳责任权重作为引导目标纳入风光年度规模管理，由权重目标确定保障性并网规模。2021年起国家不再下达各省（区、市）的年度建设规模和指标，各省（区、市）完成年度非水电最低消纳责任权重所必需的新增并网项目，由电网企业实行保障性并网。

二是非水权重指标设置由各地差异化增幅向统一增幅转变。2021年非水权重指标相比2020年指标仍按差异增幅设置。反映各地区2021年可再生能源预期发展水平。2022年开始各地非水权重按1.25个百分点等额提升。等额提升的原因主要是考虑“双碳”目标实现对指标上升幅度提升需要，同时考虑推动全国各地区公平消纳非水可再生能源电量、共同承担非水可再生能源发展责任。

三是丰富了权重完成方式，增加省间置换方式。在《关于2021年风电、光伏发电开发建设有关事项的通知》中关于保障性并网规模省间置换规则的基础上，进一步鼓励各省根据各自经济发展需要、资源禀赋和消纳能力等，相互协商采取灵活有效的方式，共同完成消纳责任权重。部分地区受资源禀赋、开发条件、经济水平等因素制约，较难通过本地可再生能源开发或市场主体间超额消纳量交易等方式完成消纳责任权重。通过省间转移，保护了各地区市场主体完成消纳责任权重意愿，同时，扩大送端省份非水可再生能源电力保障性并网规模，进一步降低送端省份非水可再生能源项目开发成本。

四是在考核规则中增设年度转移规则。各省在确保完成2025年消纳责任权重预期目标的前提下，由于当地水电、核电集中投产影响消纳空间或其他客观原因，当年未完成消纳责任权重的，可以将未完成的消纳责任权重累计到下一年度一并完成。政策出发点是基于各地区实际资源禀赋及非化石能源发展规划情况，允许例如四川、福建等能源结构特殊的地区以年度转移的方式，给予相对弹性的考核周期，降低地区其他非化石能源大规模投产对风电、光伏等新能源消纳空间挤占的影响，使其有充裕的时间拓宽可再生能源电力消纳空间，确保完成既定的消纳责任权重。在实施条件上，年度转移必须符合《通知》中提出的特定条件且必须在落实2025年可再生能源电力消纳水平的基础上，报备国家能源局核准后方可实施。

五是权重发布方式由下发一年权重变为下发两年权重。从2021年起可再生能源电力消纳责任权重的发布方式由每年初印发各地区当年权重变为同时印发当年和次年两年消纳责任权重。当年权重为约束性指标，用以考核各地区可再生能源电力消纳保障工作；次年权重为预期性指标，侧重于引导各地区积极储备可再生能源特别是新能源新建项目。每年年初将根据上一年度各地区可再生能源电力消纳责任权重完成情况以及本地储备项目情况，动态修正本年约束性指标和次年预期性指标。

5.3.2 2021年可再生能源消纳责任权重完成分析

2020年我国正式开展可再生能源消纳责任权重考核，2021年是第二个考核年度。从全国来看，2021年全国可再生能源电力总量消纳责任权重实际完成值为29.4%，较2020年同比增长0.6个百分点，与2021年下达的最低总量消纳责任权重29.4%持平。2021年全国非水可再生能源电力消纳责任权重实际完成值为13.7%，较2020年同比增长2.3个百分点，超出2021年下达的最低非水消纳责任权重0.8个百分点。

（一）非水可再生能源电力消纳责任权重完成分析

除新疆外，全国其余29个省或自治区、直辖市（西藏不考核）全部完成了2021年国家下发的非水可再生能源电力消纳责任指标。从各省非水可再生能源消纳来看，青海、宁夏等7个省份非水可再生能源占全社会用电量比重[1]超过20%，青海最高，达到了29.3%。我国共有14个省份非水可再生能源占全社会用电量比重超过15%。从与国家指标对比来看，新疆未完成最低可再生能源电力非水消纳责任权重，相差0.6个百分点；青海、宁夏、山西非水电可再生能源电力消纳量占全社会用电量比重超出国家规定指标4个百分点以上，其中青海超额最高，达到了4.8个百分点，如图5-1所示。

从各省完成国家下发的激励性指标来看，共19个省（自治区、直辖市）达到了非水可再生能源消纳责任权重的激励性指标，数量超过了一半，其中山西超额最高，达到2.5个百分点，如图5-2所示。

[1] 这里各省非水可再生能源消纳量按非水可再生能源消纳责任权重计算方法，包含受入的非水可再生能源消纳量，剔除外送的非水可再生能源消纳量，下同。

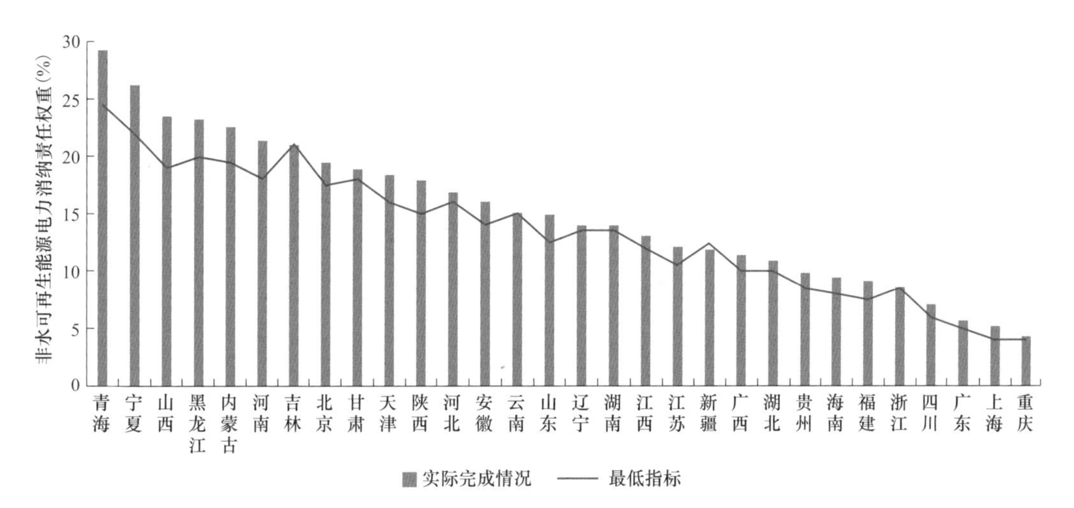

图 5-1　2021 年非水可再生能源消纳责任权重完成情况

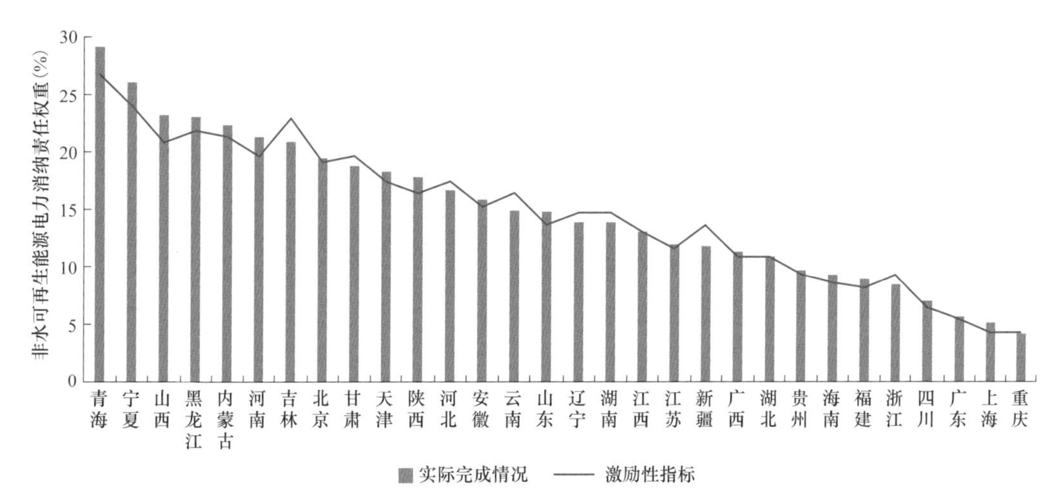

图 5-2　2021 年非水可再生能源消纳责任权重激励性指标完成情况

（二）可再生能源电力消纳责任权重完成分析

除甘肃、新疆外，全国其余 28 个省或自治区、直辖市（西藏不考核）全部完成了 2021 年国家下发的可再生能源电力消纳责任指标。从各省可再生能源消纳来看，四川、云南、青海可再生能源占全社会用电量比重[1]超过 70%，四川最高，达到了 80.4%。我国共有 10 个省份可再生能源占全社会用电量超过

[1] 这里各省可再生能源消纳量按可再生能源消纳责任权重计算方法，包含受入的可再生能源消纳量，剔除外送的可再生能源消纳量，下同。

30%，共16个省份超过25%。从与国家指标对比来看，甘肃、新疆未完成最低可再生能源电力消纳责任权重，分别相差2.6和1.8个百分点；河南、青海、四川等6个省份可再生能源电力消纳量占全社会用电量比重超出国家规定指标4个百分点以上，其中青海超额最高，达到了7.6个百分点，如图5-3所示。

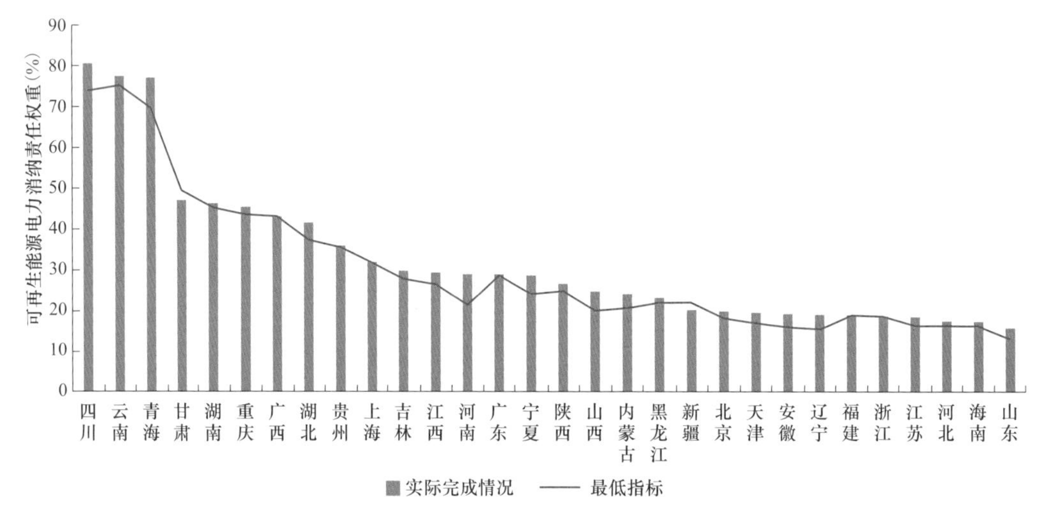

图5-3　2021年可再生能源消纳责任权重完成情况

从各省完成国家下发的激励性指标来看，如图5-4所示，共13个省（自治区、直辖市）达到了可再生能源消纳责任权重的激励性指标，其中河南超额最高，达到了5.3个百分点。

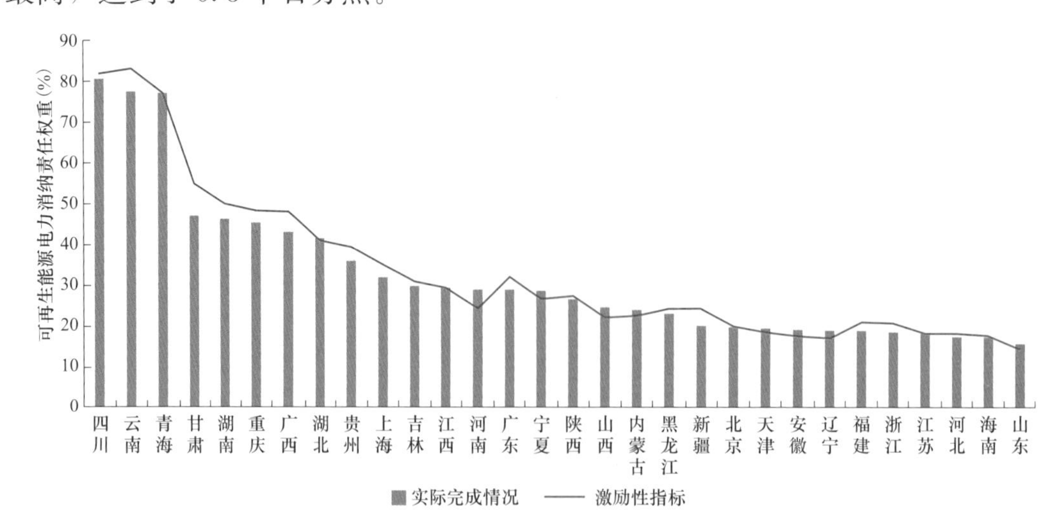

图5-4　2021年可再生能源消纳责任权重激励性指标完成情况

5.4 2022年新能源政策导向

2022年以来，国家陆续发布了《"十四五"可再生能源规划》《关于促进新时代新能源高质量发展的实施方案》等多项与新能源密切相关的政策文件，充分体现了国家对新能源发展的高度重视。

一是突出新能源多元融合，因地制宜大力开发多种新能源。强调新能源开发基地化和分布式结合，在"三北"地区优化推动风电和光伏发电基地化规模化开发，在西南地区统筹推进水风光综合开发，在中东南部地区重点推动风电和光伏发电就地就近开发，在东部沿海地区积极推进海上风电集群化开发。

二是重视新能源存储消纳，全面提升新能源高比例利用水平。提出大力推动抽水蓄能电站项目建设，明确新型储能独立市场主体地位，引导区域电网内共享调峰和备用资源，创新调度运行与市场机制，促进新能源在区域电网内就地消纳，提升新型电力系统对高比例新能源的适应能力。

三是健全新能源体制机制，多措并举实现新能源充分消纳。要求深化"放管服"改革，健全可再生能源电力消纳保障机制，加快建设全国统一电力市场体系，完善新能源参与电力市场交易规则，破除市场和行政壁垒，形成充分反映新能源环境价值、与传统电源公平竞争的市场机制，逐步扩大新能源参与市场化交易比重。

四是强调新能源创新驱动，积极推动新能源产业优化升级。创新推行"揭榜挂帅""赛马制"等创新机制，加大可再生能源技术创新攻关力度，加强制造设备升级和新产品规模化应用，积极培育发展新模式新业态，提升产业链供应链现代化水平，强化新能源创新链支撑，实现全生命周期绿色闭环式发展。

5.5 新能源政策特点分析

从我国近期新能源政策要点来看，新能源发展逻辑、发展理念和发展思路也进行了相应调整，呈现出七大方面新特点。

一是强化消纳责任权重引导机制，新能源项目管理由国家统筹向基于消纳责任权重的各省自主统筹转变。“十四五”新能源项目管理机制发生重大改变，国家不再下达各省的年度建设规模，改为下达各省消纳责任权重和合理利用率目标，各省能源主管部门据此测算发布新能源并网规模。

二是建立多元并网保障机制，通过保障性并网和市场化并网两类项目推进新能源项目建设。为了推动新能源快速发展，国家提出建立并网多元保障机制，将风电、光伏发电项目分为两类，一类是保障性并网项目，由电网企业实行保障性并网。另一类市场化并网项目，通过自建、合建共享或购买服务等市场化方式落实并网条件后，由电网企业予以并网。

三是首次提出发电企业适当承担可再生能源消纳责任，明确新能源项目配套调峰能力建设比例。提出电源企业适当承担可再生能源并网消纳责任，在电网企业承担风电和太阳能发电等可再生能源保障性并网责任以外，仍有投资建设意愿的可再生能源发电企业，鼓励在自愿的前提下自建储能或调峰资源增加并网规模。对按规定比例要求配建储能或调峰能力的可再生能源发电企业，经电网企业按程序认定后，可安排相应装机并网。

四是推动西部北部大型新能源基地建设，为新能源资源大范围优化配置提供有力保障。我国将在“十四五”推动十四个可再生能源基地的建设，在西部北部新能源资源富集地区有序推进风电、光伏发电的集中式开发，在沙漠、戈壁、荒漠地区加快规划建设大型风电光伏基地项目，规划装机容量约4.5亿kW。

五是推进分布式光伏规模化开发和“两个一体化”等多类试点项目建设，多渠道增加新能源并网规模。为了多种方式加快新能源开发和利用，提出探索构建源网荷储高度融合的新型电力系统发展路径，鼓励积极实施存量“风光水火储一体化”提升，稳妥推进增量“风光水（储）一体化”，探索增量“风光储一体化”。对分布式光伏开发提出了组织开展整县（市、区）推进屋顶分布式光伏开发试点工作，共31个省市报送试点县（市、区）676个。

六是优化可再生能源消纳保障机制设计，可再生能源消纳保障机制成为引导未来新能源发展的重要抓手。将消纳责任权重作为引导目标纳入风光年度规模管理，由权重目标确定保障性并网规模。与此同时，考虑“双碳”目标实现对指标上升幅度提升需要，各省非水电消纳责任权重增长由差异化增幅向统一增幅转变，并增加省间置换方式完成消纳责任权重，以推动全国各地区公平消纳非水可再生能源电量、共同承担非水可再生能源发展责任，实现新能源的高效开发和利用。

七是进一步发挥电力市场促进新能源利用的作用，引导新能源通过市场化交易竞争上网。有序放开全部燃煤发电电量上网电价，各类型电源同台竞价的进程将逐步加快。鼓励新能源项目通过签订长周期差价合约参与现货市场，引导新能源项目10%的预计当期电量通过市场化交易竞争上网，未来参与市场化交易的新能源电量将会进一步增加。

从政策总体趋势来看，“十四五”及今后一段时间，为贯彻落实“碳达峰、碳中和”和构建新型电力系统目标任务，推动能源绿色低碳转型，国家将采取集中式与分布式、单一品种与多品种开发互补、单一场景与综合场景等方式多措并举推动新能源超常规、跨越式增长，年均新增装机规模可能会在“十三五”基础上倍增，预计2030年新能源累计装机占比将超过40%，超过煤电成为第一大电源。

6

新能源发电发展形势展望

全球新能源发电仍将保持快速发展，并逐步向存量替代过渡。根据国际能源署《世界能源展望2021》，2020—2050年风电、光伏装机容量年均增速分别为5.9%、8.5%，预计2030、2040和2050年新能源装机容量分别为4153、6873、9158GW，占比分别为37%、47%和51%。其中，风电2030年、2040年和2050年新能源装机容量分别为1603、2271、2995GW，占比分别为14%、15%和17%，光伏2030年、2040年和2050年新能源装机容量分别为2550、4602、6163GW，占比分别为23%、32%和35%。2030年，光伏将超过燃煤发电成为全球第一大装机电源，风电将成为第二大装机电源。

2022年我国新能源利用率预计总体可保持95%以上，仍需关注三方面问题。一是电力保供难度不断加大，系统安全风险持续增加。二是灵活性调节资源建设有待加强，网源不协调矛盾突出。三是顶层规划设计需进一步加强，分省规模和利用率目标亟待明确。

6.1 世界新能源发电发展趋势

全球新能源发电仍将保持快速发展，并逐步向存量替代过渡。根据国际能源署《世界能源展望2021》，未来可再生能源将成为电力系统中的基础，其中风电、太阳能等新能源是增长最快的电源类型[6-7]。在已公布政策情景下❶，2020—2050年风电、光伏装机年均增速分别为5.9%、8.5%，远超燃气的1.4%、水电的1.4%和核电的0.8%，预计2030、2040、2050年新能源装机容量分别为4153、6873、9158GW，占比分别为37%、47%和51%。2030年后，燃煤、燃油等电源逐步退出，新能源开始实现存量替代。2020—2050年全球各类型发电装机容量如图6-1所示。

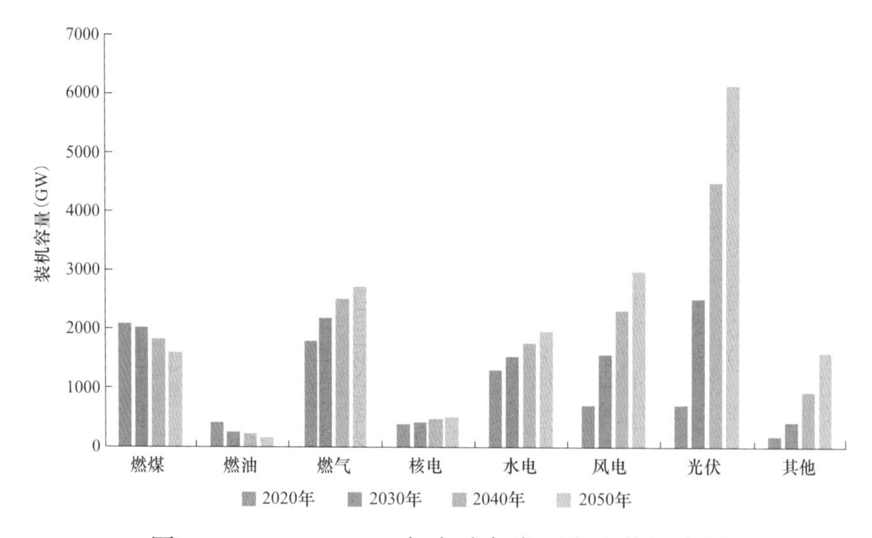

图6-1 2020—2050年全球各类型发电装机容量

数据来源：国际能源署《世界能源展望2021》，已公布政策情景。

新能源是能源电力行业实现减排目标的主力，全球新能源发电量占比将持续快速增加。根据国际能源署《世界能源展望2021》，在已公布政策情景下，

❶ 已公布政策情景是指根据目前各国已经公布的能源发展战略及相关政策进行发展预测的情景。

预计 2050 年全球新能源发电量占比将达到 40%，如图 6-2 所示。在已宣布承诺情景❶、可持续发展情景❷和 2050 年净零排放情景❸下，新能源装机和发电增速将进一步加快，预计 2050 年全球新能源装机容量占比将分别达到 60%、65%、68%，发电量占比将分别达到 52%、60%、68%，见表 6-1。

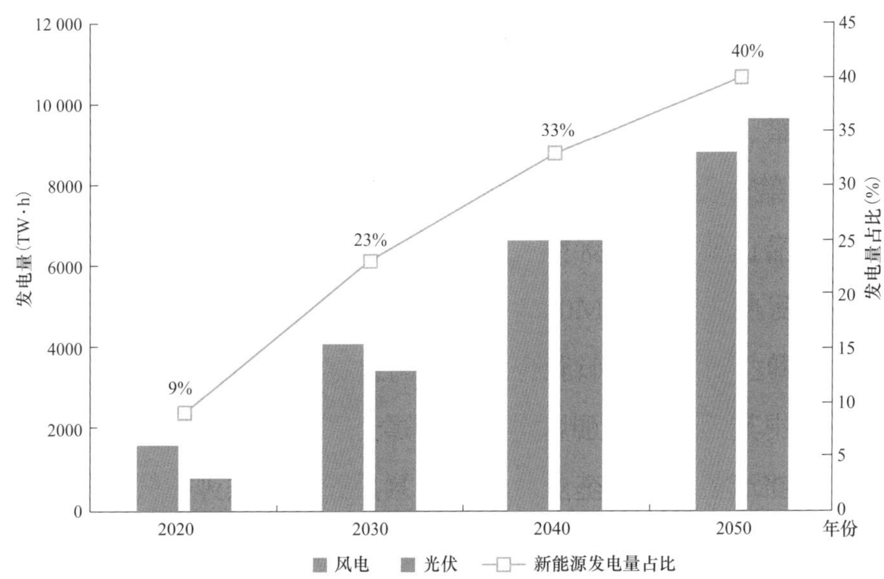

图 6-2 已公布政策情景下全球新能源发电量占比预测

数据来源：国际能源署《世界能源展望 2021》，已公布政策情景。

表 6-1 不同发展情景下 2050 年全球新能源装机容量及发电量占比预测

指标	已公布政策情景	已宣布承诺情景	可持续发展情景	2050 年净零排放情景
碳排放（亿 t）	339	207	82	0
2050 年升温（℃）	2.6	2.1	1.7	1.5
新能源装机容量占比（%）	51	60	65	68
新能源发电量占比（%）	40	52	60	68

数据来源：国际能源署《世界能源展望 2021》。

❶ 已宣布承诺情景是指假设目前各国做出的所有气候承诺，包括国家自主贡献和长期净零目标，将全额和按时实现的情景。

❷ 可持续发展情景是指根据将全球温升控制在 2℃以下进行发展预测的情景。

❸ 2050 年净零排放情景是指到 2050 年全球能源行业可以实现二氧化碳净零排放的可行情景。

光伏发电发展最快，未来十年内将成为全球装机规模最大的发电类型。根据国际能源署《世界能源展望 2021》，在已公布政策情景下，2030 年全球光伏发电装机容量将达到 2550GW，占全球发电装机容量的 23%，成为装机规模最大的发电类型，2050 年全球光伏发电装机容量将达到 6163GW，占全球发电装机容量的 35%，将超过燃煤、燃油、燃气等化石燃料发电电源总装机规模，如图 6-3 所示。在可持续发展情景下，预计 2030 年光伏发电将与燃煤、燃油、燃气等化石燃料发电电源总装机规模基本相当，达到 3582GW，占全球发电装机容量的 28%。

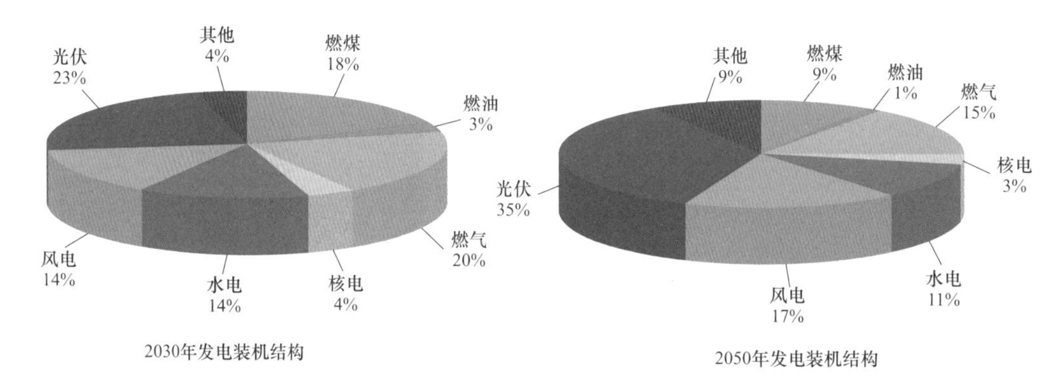

图 6-3　已公布政策情景下 2030 年和 2050 年全球电源装机结构

数据来源：国际能源署《世界能源展望 2021》，已公布政策情景。

风电发展速度加快，有望于 2030 年成为全球第二大装机电源。根据国际能源署《世界能源展望 2021》，在已公布政策情景下，2030、2050 年全球风电装机容量将分别达到 1603、2995GW，占全球发电装机容量分别为 14%、17%。在可持续发展情景下，2030、2050 年全球风电装机容量将分别达到 2378、5881GW，占全球发电装机容量分别为 19%、23%，2030 年风电将成为第二大装机电源，如图 6-4 所示。

全球新能源继续呈现大国领跑特征，主要集中在中国、印度、欧洲、美国等国家和地区。根据国际能源署《世界能源展望 2021》，在已公布政策情景下，预计 2050 年中国新能源发电量将达到 5771TW•h，继续领跑全球，其次分别为印度、欧洲、美国，发电量分别为 3023、2659、2479TW•h，如图 6-5 所示。

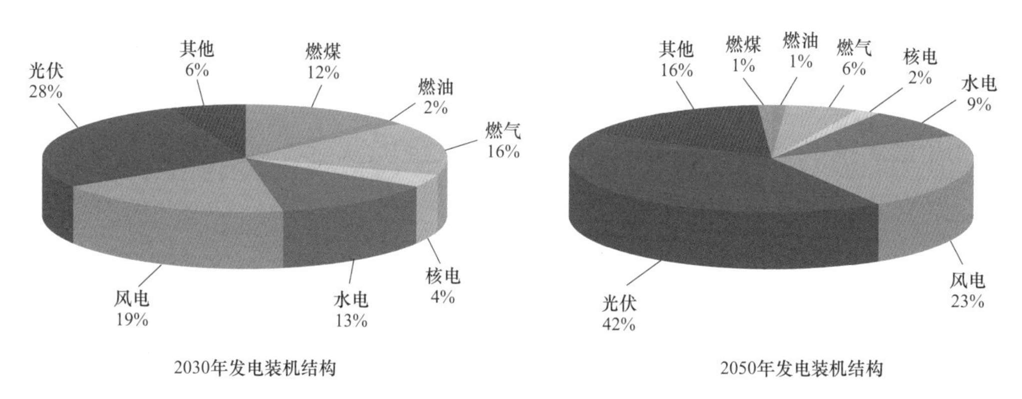

图 6-4　可持续发展情景下 2030 年和 2050 年全球电源装机结构

数据来源：国际能源署《世界能源展望 2021》，可持续发展情景。

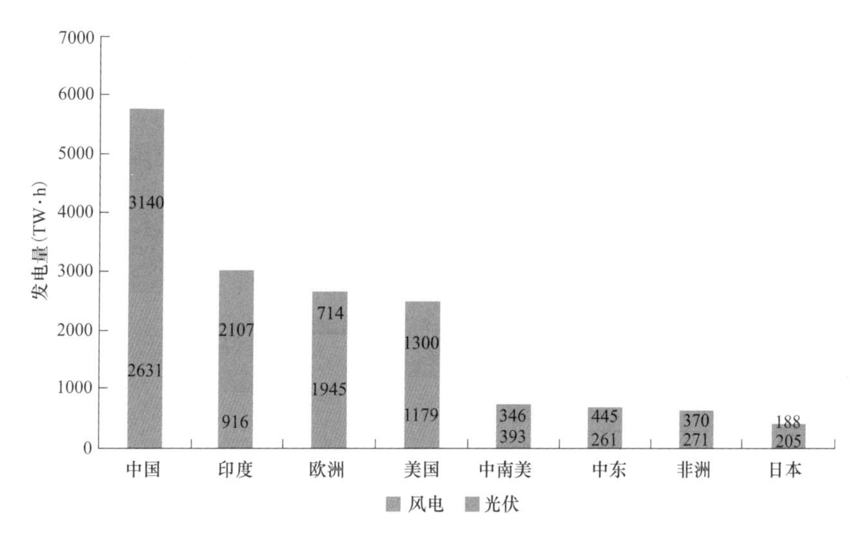

图 6-5　2050 年全球主要国家和地区新能源发电量预测

数据来源：国际能源署《世界能源展望 2021》，已公布政策情景。

6.2　中国新能源发电发展趋势

6.2.1　2022 年新能源发展及消纳形势分析

2022 年 3 月 22 日，国家发展改革委、国家能源局发布《“十四五”现代能源体系规划》，明确提出全国2025年39%的非化石能源发电占比目标，按此测算，全国2022—2025年期间需年均新增新能源装机容量0.9亿～1亿kW。按照风光资源常年水平初步测算，预计2022年全国新能源利用率可保持在95%以上，但需关注以下三个问题。

一是电力保供难度不断加大，系统安全风险持续增加。新能源目前已成为新增装机的主体，但“大装机小电量”“极热无风”“晚峰无光”特征显著，特别是冬季晚高峰期间，水电支撑能力下降、光伏出力基本为零，加之雨雪冰冻可能造成大规模风机覆冰停运，电力供应压力巨大。新能源机组抗扰动能力不强，面对频率、电压波动容易脱网，简单故障演变为大规模电网故障风险加大。

二是灵活性调节资源建设有待加强，网源不协调矛盾突出。与新能源旺盛的发展需求比较，电网系统性调节资源相对不足，系统调节灵活性需要进一步加强。火电灵活性改造方面，缺乏政策支持，改造的广度和深度有待进一步加强；储能电站方面，本体安全保障不足、商业模式不清晰使得建设规模有限。同时，电网建设滞后于新能源发展。例如，对于国家发布的第一批沙漠、戈壁、荒漠大型风电光伏基地项目，部分项目尚未报送电源接入系统设计报告，电网送出工程很难与电源同步投运。

三是顶层规划设计需进一步加强，分省规模和利用率目标亟待明确。《“十四五”现代能源体系规划》明确了全国2025年非化石能源发展目标和重大基地布局，但未明确新能源分省装机规模、利用率目标。从部分省份已发布及征求意见的新能源规划看，装机总规模已超10亿kW，预计全国合计装机规模将远超国家规划目标。为超前、超额完成减排及可再生能源消纳责任权重目标，部分省份装机意愿强烈，可能超出电力系统消纳能力。从2022年全年测算看，部分省份新能源利用率将远低于95%。

6.2.2 中长期新能源发展展望

大力发展新能源是实现碳中和目标和保障国家能源安全的重要抓手，未来将在逐步有序减少传统能源的同时推进新能源可靠替代，确保经济社会平稳发展。在“双碳”目标下，我国风光已进入增量替代阶段，并将逐步向存量替代过渡，“十四五”期间，预计我国新能源年均新增装机容量将超过1亿kW。零碳情景下，至2030、2060年我国新能源装机规模如图6-6所示。预计2025年我国新能源发电量占总发电量的比重将接近20%，2030、2060年新能源发电量占比有望分别超过25%和50%。

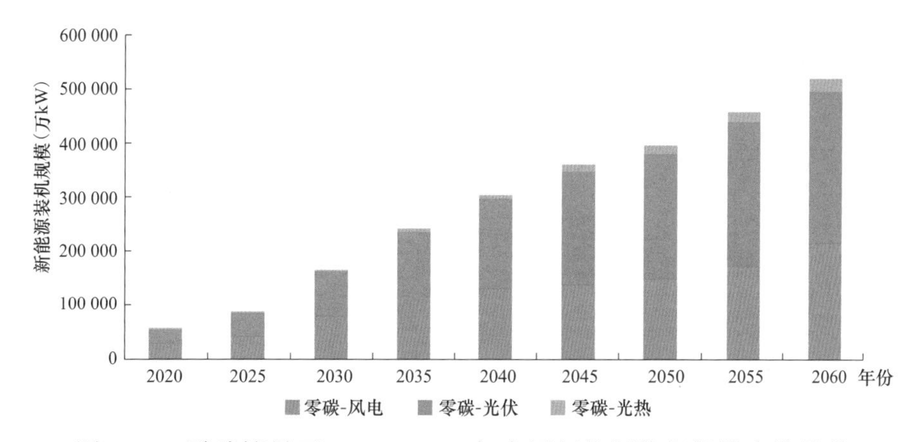

图6-6　零碳情景下2020—2060年全国新能源装机规模变化趋势

7

专题研究

7.1 新能源供给消纳体系构建研究

能源电力碳达峰碳中和需要坚持先立后破，传统能源逐步退出要建立在新能源安全可靠的替代基础上，都对新能源的发展提出了明确的要求。本专题紧紧围绕“先立后破”如何“立”这个命题开展研究，以统筹发展和安全的系统观为指导，着眼规划建设新型能源体系大局，形成对新能源供给消纳体系的整体认识，提出构建路径。

7.1.1 新能源供给消纳体系构建框架

坚持系统观，围绕“立”住，着眼新型能源体系，研究认为：新能源供给消纳体系仍需坚持集中式与分布式开发并举，立足新型能源体系规划建设，统筹新能源产业“立”住与能源“立”住，在产业链现代化、市场完善、治理完备的共同驱动下，形成一种供给多元化、消纳广义化的传统能源与新能源优化组合。

（一）统筹新能源产业“立”住与能源“立”住

统筹新能源产业“立”住与能源“立”住需要将新能源的发展放在经济社会整体中进行考虑，在党的二十大报告明确的中国式现代化的新型工业化、信息化、城镇化、农业现代化的目标引领下，立足新型能源体系规划建设，针对能源“立”与产业“立”的新能源发展诉求，考虑新能源资源禀赋、地区区位优势和电网区位条件，进行地区间经济协同发展、协同降碳以及相应能源资源的优化配置，从而使国民经济、产业布局、基础设施建设形成一个良性循环。基于以上考虑，本节提出统筹两个“立”住的区域协调、城乡互补、陆海统筹三类新能源开发利用模式。

(1) 区域协调模式：重点结合产业西移下新能源产业布局调整、“太阳能发电＋荒漠化治理”、西电东送促进共同富裕等战略的新能源开发利用模式。

典型是西部北部以沙漠、戈壁、荒漠地区为重点的大型风光电基地，将在近、中、远期将得到持续发展，需要关注大规模集中送出和利用的问题。

（2）城乡互补模式：重点结合乡村振兴和以县城为重要载体的城镇化战略、用户侧电力应急能力和供电可靠性提升等的新能源开发利用模式。典型是在东中部发展大规模分布式新能源，考虑到中东部分布式新能源资源相对有限，主要在近、中期得到充分发展。

（3）陆海统筹模式：重点结合经略海洋下的海洋强国建设、海洋蓝色经济发展等战略，以及培育东部沿海风电产业发展与产业输出等综合目标的新能源开发利用模式。主要是在东部沿海发展以海上能源岛、一体化利用为重点的海上风电基地。考虑到当前海上风电特别是远海风电成本相对较高，未来随着技术经济性逐渐提高，这种模式将在中、远期得到充分发展。

（二）形成多元供给、广义消纳的传统能源与新能源优化组合

传统能源与新能源优化组合由“4+1”体系构成：“4”是多元供给，包括电力系统“源-网-荷-储”4个方面，是近期需要重点关注的。“1”是广义消纳，中远期随着新能源占比逐步提高，单纯依靠电力系统难以充分实现新能源利用，需要扩展更广义的消纳形式，主要表现为源网荷各环节一体化程度加深、新能源直接利用、电力系统扩展到非电系统、供给与消纳融合等多方面。传统能源与新能源优化组合的“4+1”体系如图7-1所示。

近期：主要指“十四五”时期，新能源开发以西部北部大型风光电基地和东中部大规模分布式能源为主，供给和消纳需要依靠“新能源类别+配套保供/调节措施+电网措施”构成的一体化整体，三部分共同保障新能源的高质量供给和高水平消纳，缺一不可。

中期：主要指碳达峰时期，即2030—2035年，以新能源为主的西电东送电力流趋于饱和，新能源开发以西部北部和东中部本地自用为主，光热发电对西部北部大型风光电基地的支撑作用更加显著。

远期：主要指碳达峰一碳中和时期，即2035—2060年，扩展为“多元供给

广义消纳”的多能融合技术形态，多元供给仍是由新能源、配套保供/调节措施、电网措施构成的一体化整体，未来一体化协同程度将不断加深。广义消纳则是在充分发挥电力系统灵活调节能力的基础上，扩展到减轻电网消纳压力的跨系统、非电力系统消纳方式，全国形成电网-气网-热网-交通网-氢能融合的网络形态。新能源供给消纳体系构建框架如图7-2所示。

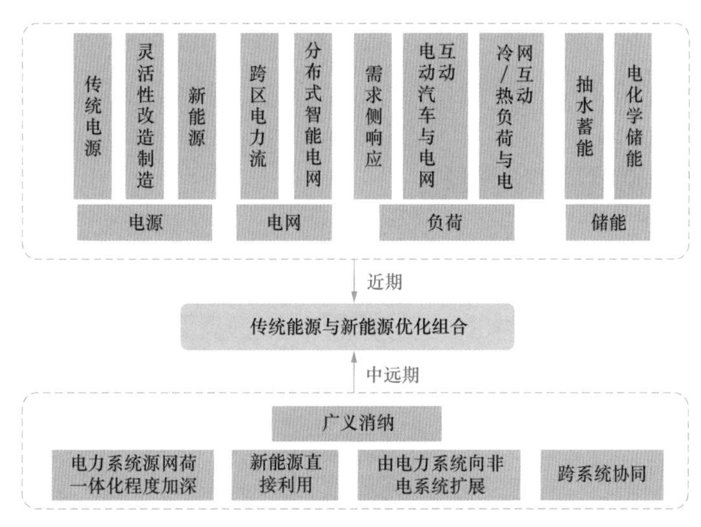

图7-1 传统能源与新能源优化组合的“4+1”体系

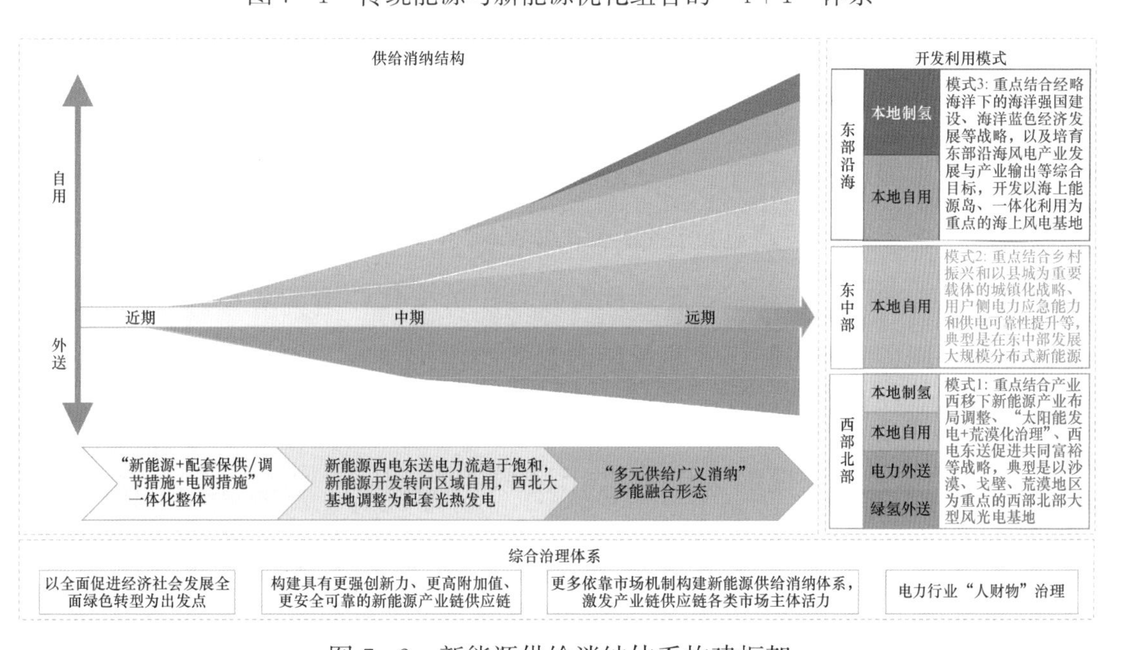

图7-2 新能源供给消纳体系构建框架

7.1.2 新能源供给消纳体系主要构建路径

采用国网能源院自主研发的电力系统规划分析软件包GESP-V（碳中和版），构建了包括华北、华东、华中、东北、西北、西南、蒙西、南网8个区域节点的分区域电力发展碳减排路径优化模型，按照兼顾全局经济性与地区间减排公平性，研判新能源供给消纳体系构建路径关键问题。新能源供给消纳体系构建路径分析方法如图7-3所示。

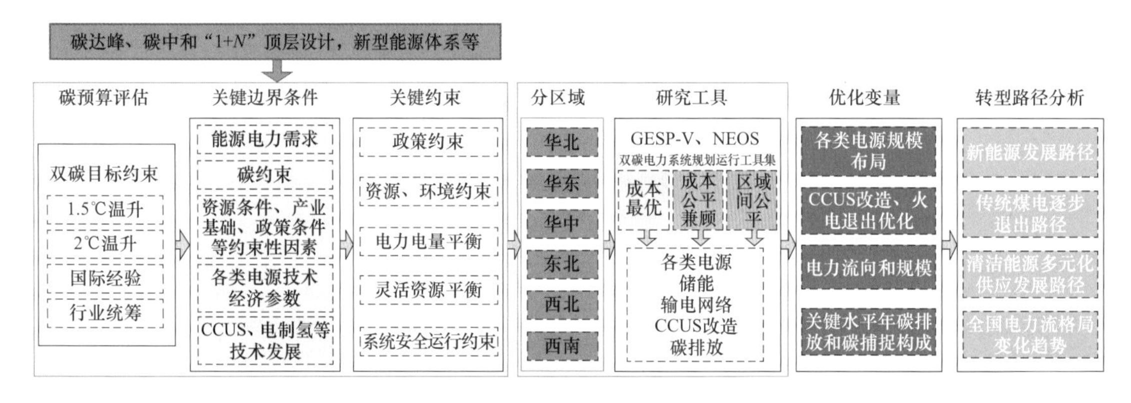

图7-3 新能源供给消纳体系构建路径分析方法

（一）“绿电先行、产业跟随”趋势下，西部绿电增长与产业西移协同进行

受可再生能源资源分布、跨区电力流增长瓶颈等限制，在国家近期新增可再生能源不纳入能源消费总量控制与中远期碳排放“双控”的引导下，考虑经济、产业、能源电力、基础设施之间综合作用的变化，地区间发展将呈现出地区间经济协同、降碳协同以及相应能源资源的优化配置。2060年，西北区域用电量和新能源装机容量占全国比重分别达到约15%和43%，比2030年提高3个和13个百分点，呈现出绿电先行、产业跟随的特征。从全国布局来看，碳达峰后，东部地区碳排放总量逐步压减的过程，就是绿电增长、产业转型升级与部分产业西移的过程，西部地区则是利用绿电承接产业转移。经济、产业、能源电力、基础设施之间综合作用的变化情况如图7-4所示。

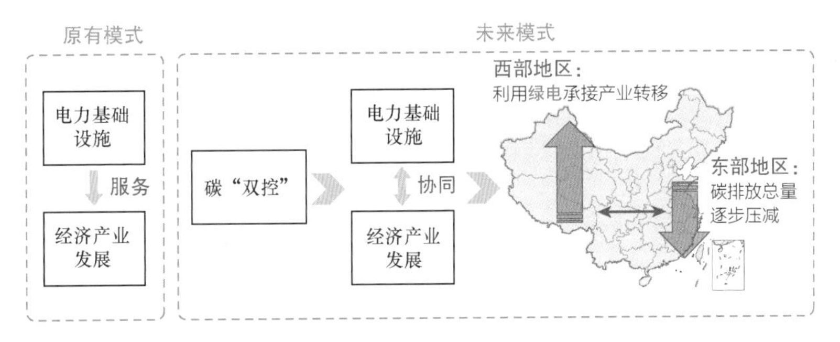

图 7-4 经济、产业、能源电力、基础设施之间综合作用的变化

(1) 新能源规模持续增加，西北区域新能源占比不断增加，成为全国“绿色动力源”。

从总量来看，“十五五”时期新能源超过煤电成为装机第一大电源，2030年底装机容量超过15亿kW，2030—2060年年均投产7600万～8760万kW，2060年装机容量超过40亿kW。2030年，我国新能源总规模达到15.5亿～17.6亿kW，“十五五”期间超过煤电成为装机第一大电源。之后，我国新能源规模稳步上升，2040、2050、2060年分别达到25.1亿～26.8亿kW、33.9亿～36.4亿kW、40.4亿～42.8亿kW。

从结构来看，未来54%～58%的新增新能源是太阳能发电。2030年，全国风电、太阳能发电规模分别达到6.1亿～8.1亿kW、9.4亿～10.1亿kW。2060年，全国风电、太阳能发电规模分别达到17.7亿～18.5亿kW、21.9亿～25.2亿kW。考虑太阳能发电成本下降更多，未来新增新能源以太阳能发电为主，其中，光热发电预计2060年发展规模达到2.5亿kW。从风电来看，陆上风电于2050年后增长缓慢，海上风电逐步实现快速发展。不同类型新能源规模如图7-5所示。

从布局来看，西北区域新能源占比不断增加，2030年接近30%，2060年超过43%，是全国“清洁动力源”。2030年，“三华”区域、南网等东中部与西北、西南、东北、蒙西等西部北部的新能源装机基本持平（48∶52）。随着东中部本地分布式新能源的开发殆尽，全国新能源开发重点转移至西部北部和东部远海风电。2060年，西北、蒙西、华东、东北、华北、华中、南网、西南区域新能源装机占比分别为43%、17%、9%、9%、8%、6%、5%、3%。不同区域2030年和2060年新能源装机占比对比如图7-6所示。

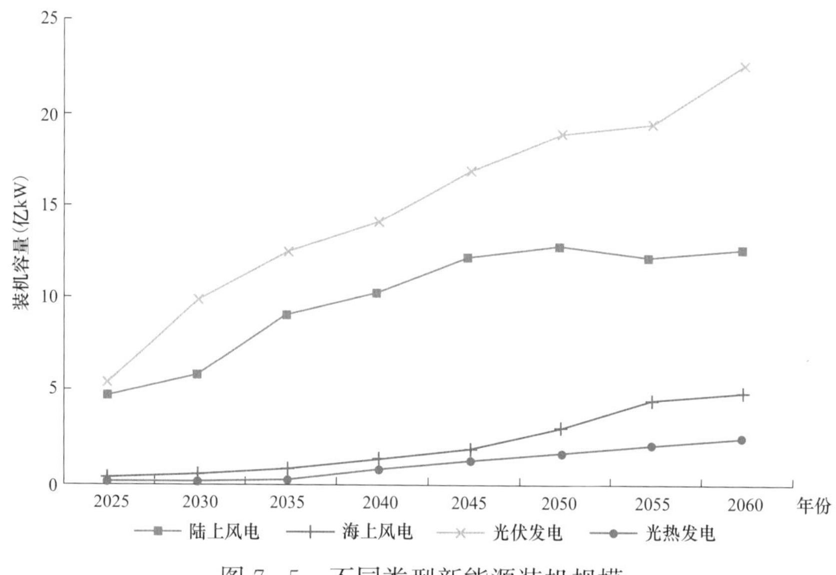

图7-5　不同类型新能源装机规模

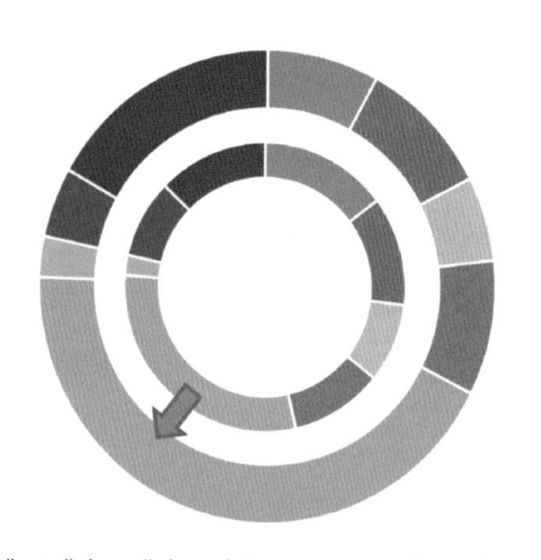

图7-6　不同区域2030年和2060年新能源装机占比对比

（2）西部地区承接产业转移，电力需求增速高于全国平均水平。

伴随着“绿电”先行，东部地区出现产业转型升级与部分产业西移的过程，西北、华中、西南地区承接产业转移后用电量增速最快，2020—2030年均增速分别达到5.9%、5.4%和5.0%的增长；2030—2060年，各区域用电增速均放缓，中西部区域用电量增速仍高于全国。

(3) 聚焦新型电力系统产业链协同西移与新能源开发，可以有效解决西部地区产业发展困境，同时促进西部新能源大规模就地消纳。

首先，“双碳”目标下，新型电力系统产业链增量空间大、产品附加值高、带动能力强。风电场或者光伏电站建设运营仅能带来建设期间的就业、投产后的税收，而研发、生产、销售、运维一体化全产业链式布局，叠加储能、氢能、综合能源服务、能源数字化等产业布局，可以源源不断支持区域能源经济发展，同时降低发展成本。预计2060年之前我国新型电力系统产业链投资规模将远超100万亿元，是西部地区2021年GDP总额的4倍多，同时，风电、光伏、储能、氢能、数字化等产业上游附加值要高于产业下游应用。大体量高质量的全产业链投资将有效带动西部地区，尤其是西北地区经济跨越式发展。

其次，相较其他产业，新型电力系统产业链在西部布局具有资源、市场等多重优势。西部地区风光资源丰富，是我国风电和光伏装机布局的重要基地，预计2060年西北地区新增风电、光伏装机容量约16亿kW，超过全国新增装机规模的1/3，为新能源上中游产业链和储能等发展提供了巨大市场。而且，随着大兆瓦风电机组应用增多，整机和叶片运输难度增大，全产业链西部布局的优势愈加突出。同时，面向新型电力系统产业链，锂、钴、镍等矿产资源将成为新的“关键环节”，西部地区矿产资源优势明显[1]，形成新能源产业集群后，将大大提升产业竞争力。

再次，“一带一路”国家能源领域投资需求潜力巨大，西部地区具有区位优势。据测算，2030年我国参与“一带一路”沿线国家光伏和风电发电项目潜

[1] 新能源产业上游原材料所涉及的重要矿产资源，如锰、铬、钒、铜、锌、镍、钴、锂，在西部地区的储量分别占全国的85.7%、98.9%、88.8%、59.5%、83.8%、98.6%、83.3%、82.5%，具备显著的矿产资源优势。

力为2.4亿～7.1亿kW[1]，由此带动的相关装备制造和项目建设投资需求将远超万亿元，西部地区与"一带一路"沿线国家具有近距离区位优势，借助陆海新通道和"一带一路"建设，输出工程、技术、装备和标准等的成本优势将逐步明显。

然后，新能源全产业链式布局将重塑西部地区竞争力，吸引其他相关产业布局，同时为新能源就地消纳提供足够空间。一方面，新能源全产业链式布局将进一步降低西部地区用能成本，同时提升西部地区低碳竞争力，吸引用能敏感型产业和碳排放敏感型产业转移布局。另一方面，增加的产业将提供大量消纳空间，促进大规模新能源就地消纳，从而推动产业转移与新能源发展的良性循环。

（二）全国逐渐形成以东中部、西部北部两个绿电"大循环"和与绿电西电东送相结合的基本格局

（1）碳达峰阶段：东"分布式"、西"集中式"为主，"绿电"西电东送规模持续提高，优化中东部电力结构。

西部北部：以大型风光电基地为基础、以其周边清洁高效先进节能的煤电为支撑、以稳定安全可靠的特高压输变电线路为载体。类别以沙漠、戈壁、荒漠地区和采煤沉陷区新能源开发外送为主，主要集中在蒙西、新疆、甘肃等西部北部地区；具有以资源特性为主导的特点，风光电基地由1000万～1200万kW新能源、100万～200万kW电储能构成。调节措施方面，单个基地周边配套400万kW清洁高效煤电作为支撑，整体来看，"基地＋配套煤电"可以保障600万kW的出力水平。电网措施方面，特高压直流通过基地及配套煤电组织电力，基地及配套煤电直接接入特高压换流站，西北主网为直流提供安全支撑备用。

东中部：以本地大规模分布式为基础、以可调节负荷灵活参与的智能高效

[1] 《中国在"一带一路"沿线国家可再生能源投资协同效益研究报告》。

用电为支撑、以安全可靠和灵活互动的分布式智能电网为载体。类别主要是以分布式光伏为主的大规模分布式新能源，采用本地“自发自用、余电上网”模式，主要集中在华东、华中、华北等地区。调节措施方面，推广综合智慧用电模式，推广用户侧电储能，促进分布式能源与终端负荷耦合利用，形成“荷随源动、储能调节”经济模式。电网措施方面，优化完善配电网网架结构，大面积开展分布式智能电网建设，优化配电网运行形态，提高配电网智能化水平，满足分布式新能源广泛接入。

跨区输电：结合国家以沙漠、戈壁、荒漠地区为重点的大型风电、光伏基地规划建设，2025—2030年，西电东送规模还将进一步扩大，主要由西北、蒙西区域送电“三华”区域，输送电力以清洁能源为主，西北“绿电”将助力中东部电力结构的优化。

(2) 碳达峰—碳中和阶段：西电东送规模逐渐饱和，兼顾送电与互济作用；东中部、西部北部依托大型新能源基地开发形成两个绿电循环空间。

西部北部：大型风光电基地就地就近开发、消纳，光热发电对西部北部大型风光电基地的支撑作用更加显著。2035年后，西部北部大型风光电基地开发增量开始转为以本地自用为主，对于用电负荷布局在附近的基地，支撑性资源调整为光热发电，实现稳定供电；对于向远方负荷中心供电的基地，需要根据送出线路容量配套少量支撑调节措施，主要在汇入主网后，由主网提供支撑调节能力实现稳定供电。

东部：大型海上风电基地就地就近开发、消纳，成为保障东部沿海地区安全可靠脱碳的重要条件。我国海上风能资源丰富、开发潜力巨大，是保障东部沿海地区安全可靠脱碳的重要条件，需要加快近海风电开发，推动远海风电尽早启动。对于华北、华东等负荷中心区域，海上风电是未来区域脱碳的重要支撑，2035—2040年各区域近海风电基本达到开发上限，2060年远海风电也实现全部开发。

跨区输电：电量送受格局基本不变，按照减少交叉和迂回的原则优化更新电力流；电力互济强度增加，有力支撑东、西部两个绿电循环空间高效集约运行。2030—2035年，考虑川渝地区市场空间的增加，结合雅鲁藏布江下游水电开发，西电东送规模将保持一定增长；2035年后，随着雅鲁藏布江下游水电的开发及接续送出，西电东送规模趋于饱和。中远期跨区送电需求饱和，随着部分通道到龄退役，需要按照减少交叉和迂回的原则优化更新电力流，实现蒙西和东北主要送电华北，西北和西南主要送电华中、华东。此外，随着西部送端产业结构升级和新能源大规模开发，西部负荷与净负荷的峰谷差也将发生变化，对调节资源的需求极大提高；为了提高资源配置效率，部分时段需要受端反送进行调节。依托华中环网，中部地区有望成为东部与西部北部两个绿电循环空间之间的有效缓冲区。

（三）聚焦循环碳经济扩展新能源广义消纳

中远期来看，随新能源渗透率提高，受出力日内大幅波动和系统长周期调节能力不足影响，电力系统内部调节能力增速低于需求增速，单纯依靠电力系统难以充分利用新能源。跨系统发展循环碳经济是新能源广义消纳的可行方式，充分发展绿电制氢、气、热等P2X和跨能源系统利用方式，并与火电CCUS捕获的二氧化碳结合制取甲醇、甲烷等应用于工业原料领域，实现碳循环经济。中远期调峰潜力与调峰需求预测如图7-7所示。

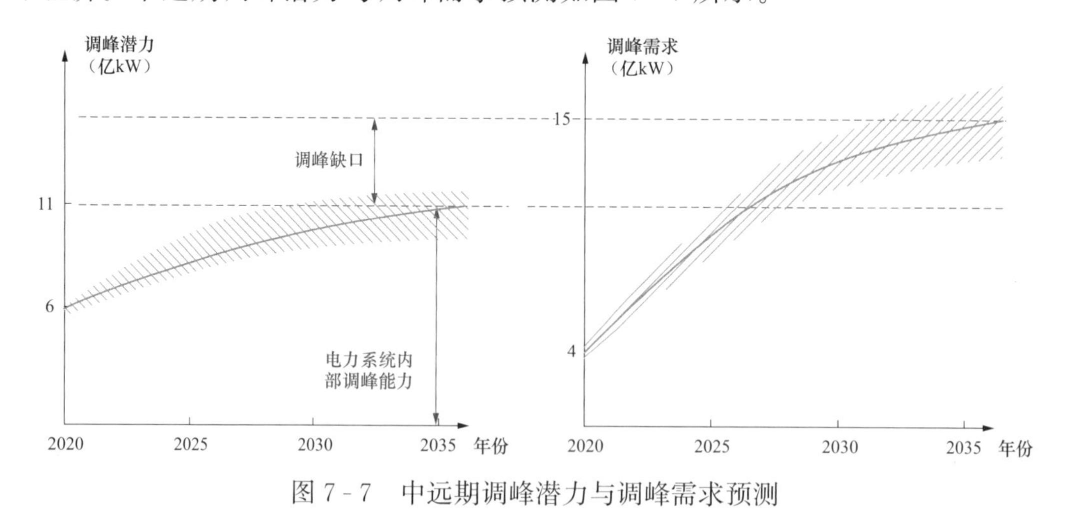

图7-7　中远期调峰潜力与调峰需求预测

7.1.3 相关建议

着手统筹规划、电力市场建设、合理利用率目标制定等方面，多措并举推动新能源供给消纳体系构建。加强全局规划，综合优化能源电力与国民经济、产业布局和基础设施整体发展路径。加快推动新能源参与市场，公平承担系统调节成本；通过容量补偿机制或容量市场，合理反映火电等常规机组支撑、备用价值，保障系统合理的可用容量充裕度。合理制定新能源利用率目标，避免带来过大的新能源系统成本；中远期，有计划、有步骤地放开利用率考核目标，促进市场自驱发展广义消纳措施。

7.2 绿色电力认证国际经验与启示

7.2.1 开展绿色电力认证的重要意义

开展绿色电力认证是落实我国能源绿色低碳转型工作部署、推动绿色能源消费的重要举措。绿色产品标准、认证、标识体系正在为推动绿色消费市场体系建设发挥着积极的作用。2022 年 1 月，国家发展改革委等部门印发《促进绿色消费实施方案》，提出优化完善标准认证体系，进一步完善并强化绿色低碳产品和服务标准、认证、标识体系，加强与国际标准衔接。健全绿色能源消费认证标识制度，引导提高绿色能源在居住、交通、公共机构等终端能源消费中的比重；国家发展改革委国家能源局印发《关于完善能源绿色低碳转型体制机制和政策措施的意见》，提出加强绿色电力认证国际合作，倡议建立国际绿色电力证书体系，积极引导和参与绿色电力证书核发、计量、交易等国际标准研究制定。开展绿色电力认证对推进我国能源绿色低碳转型、激励绿色能源消费具有重要意义。

开展绿色电力认证是推进我国绿色电力交易的重要组成。绿色电力交易是以市场化手段推动构建新型电力系统，促进能源清洁低碳转型的重要电力交易机制。2021年国家发展和改革委、国家能源局正式批复《绿色电力交易试点工作方案》，北京电力交易中心和广州电力交易中心相继组织开展了绿色电力交易。《绿色电力交易试点工作方案》要求，建立全国统一的绿证制度，国家能源局组织国家可再生能源信息管理中心，根据绿电交易试点需要，向北京电力交易中心、广州电力交易中心批量核发绿证，电力交易中心依据绿电交易结算结果将绿证分配至电力用户。绿色电力认证是绿色交易的有机组成部分，随着绿电交易规模的不断扩大，绿电认证需求随之增加，绿电认证体系也需要进一步完善。

开展绿色电力认证是满足我国企业绿色消费需求及适应国际贸易规则的迫切需要。随着国际社会对全球变暖等环境问题的关注，越来越多的企业开始关注自身的碳减排工作。企业消纳新能源不仅与企业自身的可持续发展战略相符合，也可以大大提升品牌形象。国外企业谷歌、微软等已将100%使用绿色能源作为品牌宣传亮点。据统计，大约有30%的世界500强公司已经公开承诺将在2030年前完成相关气候目标，全球加入RE100绿色倡议的企业已经超过了300家。同时以欧盟为代表的国家（地区）逐步出台碳关税政策进一步激发了企业的减排动力。我国外向型企业对建立完善、权威、同国际接轨的绿色电力认证机制诉求强烈。

目前我国绿色电力认证体系尚未成熟，尚未形成官方认可的绿电绿证认证标准与认证机构，国内绿证的唯一性、有效性还没有官方和权威机构的认证。建立我国自主、科学的绿证交易标准和体系对未来提升我国在能源低碳转型领域的国际影响力和话语权具有重要意义。

7.2.2 绿色电力认证国际经验

（一）国际绿色电力认证机构

1. Green - e

Green - e成立于1997年，是一家绿色电力产品认证机构，主要业务区域为美国和加拿大。Green - e 致力于为零售电力用户提供可靠的绿电产品。为此，Green - e 建立了自己的标准体系，用以对绿色电力的生产、交易和消费进行认证。

Green - e 的标准体系以基本框架为基础，根据不同国家和地区的实际情况制定出不同地区的认证标准。目前，Green - e 已发布认证标准的地区包括：美国和加拿大、中国台湾、智利和新加坡。未发布 Green - e 认证标准的地区则无法进行 Green - e 认证。

Green - e 作为认证机构，不实际核发、出售任何绿电产品，只负责对各类供应商的绿电产品以及用户消费绿色电力产品提供认证。Green - e Energy 项目对绿电产品进行认证，Green - e Marketplace 则对用户消费绿电产品以及相关市场宣传进行认证。

Green - e 可认证的绿电产品既包括绿电，也包括绿证。目前，Green - e 认证的绿电产品包括：绿色电价项目——监管市场中，电力公司在常规供应电力之外单独售卖的可再生能源电力；竞争性可再生能源电力——同绿色电价项目类似，但是在非管制电力市场中的可再生能源电力；可再生能源证书——各类标识可再生能源电力属性，且可以同电力分开单独交易的证书，以美国 REC 为例。

Green - e 认证的绿电产品只面向自愿性绿电消费者。例如，若绿电产品或者其相关发电项目已被用于满足配额制要求，则不能被 Green - e 所认证。

绿电产品的供应商每年都需要按照 Green - e 的标准，由第三方审查机构对其绿电产品的出售、交易和消费情况进行认证。认证内容包括：绿电产品的来源仍符合 Green - e 认证标准、绿证类交易的报告和文档、绿电或者绿证供应链中相关机构的认证、绿电产品相关电源的出力数据、绿电产品相关交易的数据、账单以及合同。

2. I - Rec

I - Rec 是一家国际性绿证机制认证机构。其致力于在全球范围内建立标准化的绿证核发、交易、追踪机制。目前也已在中国开展业务。I-Rec 以基础性规则框架为基础，建立不同的区域性绿证机制。I-Rec 同当地政府或者监管机构进行商议，在满足 I-Rec 认证条件的基础上，考虑地区性的发展和需求差异，建立与之相适应的绿证机制。

I-Rec 只对绿证机制进行认证。I-Rec 的标准中均是以绿证作为唯一的绿色电力产品，并不对绿色物理电力的相关机制进行认证。I-Rec 认证的绿证机制既面向满足配额制要求的强制性绿电消费需求，也面向自愿性绿电消费需求。

3. RE100

RE100 是一家国际性企业联盟，对实际消费绿电比例达到 100%或者有明确的绿电消费占比提升计划的企业进行认证。

RE100 对并不直接进行绿色电力消费的认证。RE100 对企业绿电消费的认证作出了一系列要求，企业可以聘请满足要求的第三方机构完成的绿电消费认证，从而成为 RE100 的一员。例如，Green-e 对企业绿电消费的认证结果便可以被 RE100 所承认。国际绿电认证机构简介见表 7-1。

表 7-1　　国际绿电认证机构简介

标准名称	主要业务	绿电产品	服务对象	备注
Green-e	对绿色电力产品进行认证	实际物理电量、绿证	国家和地区（以美国和加拿大为主）	Green-e 认证的绿电产品只面向自愿性绿电消费者
I-Rec	制定绿证标准，对绿证核发、转移、交易和消纳进行认证和追踪	绿证	国家和地区（范围较广，包括中国、日本、俄罗斯、印度、墨西哥等）	I-Rec 认证的绿证既可用于完成配额制强制绿电消费要求，也面向自愿性绿电消费需求
TIGR	制定绿证标准，对绿证核发、转移、交易和消纳进行认证和追踪	绿证	国家和地区（以东南亚为主，不面向北美地区）	TIGR 认证的绿证只面向自愿性绿电消费者（TIGR 和 NAR 均为 APX 旗下绿证认证体系）

续表

标准名称	主要业务	绿电产品	服务对象	备注
NAR	制定绿证标准，对绿证核发、转移、交易和消纳进行认证和追踪	绿证	国家和地区（只面向北美地区）	NAR 认证的绿证机制只面向自愿性绿电消费者（TIGR 和 NAR 均为 APX 旗下绿证认证体系）
EECS	制定欧洲国家间的统一绿证标准，对绿证核发、转移、交易和消纳进行认证和追踪	绿证	欧洲国家	（1）EECS 下的绿证（GO）可在不同成员国家间流通和交易。（2）只面向自愿性绿电消费，与各国内部强制绿证市场互相独立
RE100	对消费绿色电力的企业进行认证	实际物理电量、绿证	公司和企业（216 家）	Green - e 和 I - Rec 的认证结果均可作为 RE100 认证的支撑材料

（二）国际绿色电力认证经验总结

一是绿色电力认证主要由第三方非营利性组织或者机构开展。国际上较为主流的绿电认证相关机构主要包括 Green - e、I - Rec 和 RE100，均为非营利性第三方独立机构，并不参与绿色电力及相关产品的核发、交易和消纳等过程。

二是可认证的绿色电力产品多种多样，既可以是绿色电力，也包括绿色证书。Green - e 和 RE100 均可对实际消纳绿色电力或者购买各类型的绿色电力证书进行认证，而 I - Rec 仅针对绿证进行认证。此外，可认证的绿色电力消纳方式又包括自发自用和电力交易。Green - e 和 RE100 认证的绿色电力交易包括：与可再生能源发电商直接签订 PPA 购电合同、向未并网的发电厂直接购买绿电、在监管或非监管市场环境下与电力公司签订购电合同等。

三是认证标准应在统一的框架下“因地制宜”。不同国家和地区可再生能源电力的发展阶段与政策环境不尽相同，对于绿电认证的需求各异。以 Green - e 和 I - Rec 为例的国际性绿电认证机构均采用“基础性框架＋地区性标准”的模式形成认证标准体系，针对不同区域，出台相应的认证标准。

四是注重区分强制性与自愿性绿电消纳。强制性绿电消纳指为了完成强制性配额指标要求而进行的可再生能源发电项目建设或者电力消纳，而不被计作完成配额要求的绿电消纳则属于自愿性。以 Green - e 为例，其主要面向零售电力用户的自愿性绿电消纳，任何被计入配额制指标的绿电项目、产品均不能得到 Green - e 认证。

7.2.3 对我国绿色电力认证工作的相关建议

建立我国自主、科学、国际认可的绿色电力认证标准体系，对于提升我国在能源低碳转型领域的国际影响力和话语权意义重大。结合国际绿色电力认证实践，对我国绿电认证工作建议如下：

一是完善全国统一的绿证制度和国家标准体系，加快构建我国绿色电力认证体系。依托国家专业权威机构开展全国统一的绿证认证工作，建立绿色电力认证相关国家技术标准，满足企业绿证需求，推动绿色消费。

二是与国际认证机构开展认证标准的互认互通，提高我国绿证在国际范围内的认可度和接受度。加强与国际权威绿电认证机构沟通合作，推动绿证的国际互认。为我国外贸、汽车制造等外向型企业应对国际低碳贸易壁垒提供有效途径。

三是加强绿色电力认证与“能源双控”、碳交易、CCER 等政策间的协调。加强绿电认证与“能源双控”、可再生能源消纳保障机制、碳排放权交易等机制的衔接与协同，引导和鼓励绿色电力消费，推动我国能源绿色低碳转型。

7.3 高比例新能源电力系统并网管理规范发展趋势

随着全球能源转型推进，波动性可再生能源（Variable Renewable Energy，VRE）[1] 呈现大规模、高比例发展态势，对电力系统安全稳定运行带来挑战。

---

[1] 主要指风电和太阳能光伏发电。

此外，电力系统呈现的分散化、数字化、终端用能电气化的转型趋势，也对电力系统并网管理提出新要求。并网规范定义了电力系统中所有接入主体的最低技术要求，是确保电力系统始终保持安全稳定运行的核心工具之一，需要适应高比例 VRE 接入和电力系统转型新形势而不断演变。2022 年 4 月，国际可再生能源署（IRENA）发布最新版本的《可再生电力系统的电网规范》报告，聚焦并网规范[1]，详细分析了 VRE 及电动汽车、分布式资源、储能等新兴主体的最新技术要求及发展趋势，作为适应新形势对其 2016 年发布报告《扩大可变可再生能源：电网规范的作用》的更新。

7.3.1 高比例新能源接入为电力系统带来的新变化

新变化之一是 VRE 与传统电源相比呈现不同技术特点，对电力系统安全稳定运行带来挑战。一是 VRE 出力具有波动性和不确定性，增加系统电力电量平衡难度。二是 VRE 单体规模较小，部分接入配电网，占比较高时，对配电网运行管理带来挑战。三是 VRE 发电技术均基于变流器，对系统电压、频率等支撑能力弱。

新变化之二是电力系统呈现分散化、数字化、终端用能电气化趋势，对并网规范提出新要求。一是分散化，即大量的分布式资源（如电动汽车等）接入配电网，要求并网规范的技术规定深入到最低电压水平。二是数字化，即大量 VRE、储能、用户侧设施等往往具有数字通信接口以实现远程监控，并网规范需要对网络安全、用户隐私保护等问题高度关注。三是终端用能电气化，即终端用能越来越多地使用电气设备，这些用户侧的资源有意愿也有能力为系统提供一定的灵活性，要求并网规范要能够将这些用户侧资源的灵活性与电力系统运行控制充分融合。

---

[1] 根据报告引用的欧洲电网规范分类，电网规范一般包括市场规范（涉及电力平衡、容量分配、阻塞管理等）、运行规范（涉及系统运行、系统紧急情况及恢复）、并网规范（涉及发电、负荷、HVDC 的并网技术要求）。

并网规范在建立不同主体之间信任、保障电网的安全性和可靠性方面发挥重要作用，需要适应电力系统新变化。一是并网规范应尽可能以技术中立的方式规定要求，避免针对某项技术制造技术壁垒，并允许接入主体采用最经济、高效的技术解决方案来满足电网规范的要求。二是并网规范应充分考虑电动汽车、储能、用户侧产消者等新兴主体，保证这些主体的安全并网，如图7-8所示。

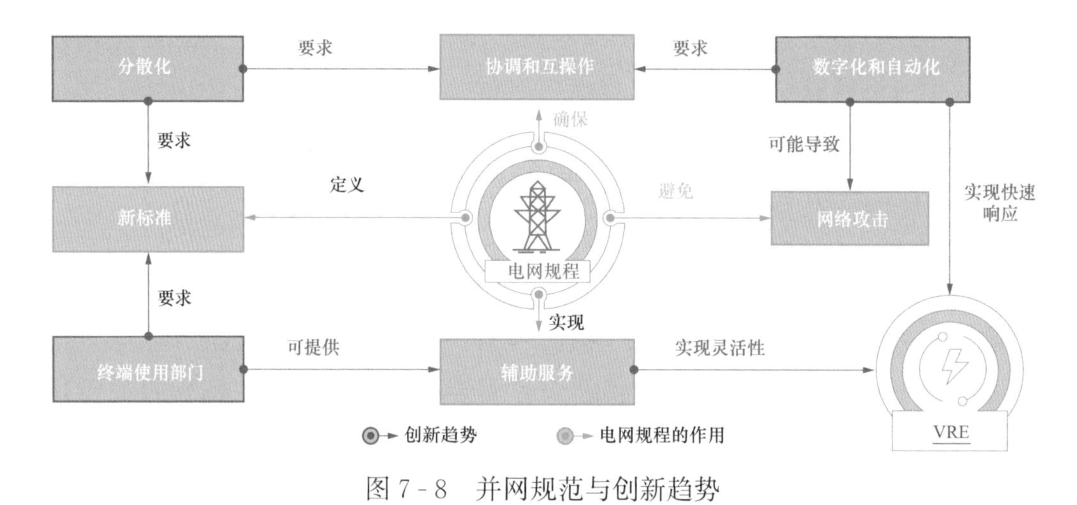

图7-8　并网规范与创新趋势

7.3.2　高比例新能源电力系统并网管理规范发展新趋势

并网规范通常包括电压和频率工作范围、频率控制、电压控制、故障穿越、保护、通信与自动化、有功控制、电能质量、功率预测等九大类技术要求。其中，电压和频率工作范围要求，规定发电机组电压和频率的运行范围；频率控制要求，规定发电机组在电网频率过低或过高情况下的有功功率响应要求；电压控制要求，对发电机组提供无功功率的能力以及不同电压控制策略作出规定；故障穿越要求，对电网故障情况下发电机组的行为作出规定；保护要求，根据系统运行范围和故障穿越能力要求，设置保护定值；通信与自动化要求，规定SCADA或AGC系统的通信协议、信号列表以及响应速度和准确性等；有功功率控制要求，规定发电机组的最大和最小爬坡速率，一般对传统发电机组和储能的最小爬坡要求、VRE 的最大爬坡要求作出规定。电能质量要求，限制电流波形畸变，如谐波或闪烁；功率预测要求，一般规定 VRE 发电商向系统运营商上报 24h 或 72h 的功率预测，见表 7-2。

表 7-2　　电网规范对机组的技术要求汇总

要求种类	要求内容	适用机组
电压和频率工作范围	发电机组电压和频率运行范围	所有发电机组
频率控制	发电机组在电网频率过低或过高情况下的有功功率响应要求	一般针对常规发电机组，逐步对 VRE 提出要求
电压控制	发电机组提供无功功率的能力以及不同电压控制策略	所有发电机组
故障穿越	电网故障情况下发电机组行为	所有发电机组
保护	根据系统运行范围和故障穿越能力要求，设置保护定值	所有发电机组
通信与自动化	SCADA 或 AGC 系统的通信协议、响应速度和准确性等	对接入中压配电网及以上电压等级的发电设备
有功控制	发电机组最大和最小爬坡速率	所有发电机组
电能质量	限制电流波形畸变	VRE
功率预测	向系统运营商上报 24h 或 72h 的功率预测	VRE

随着电力系统中新能源占比提升，新能源相关并网规范呈现以下发展趋势。

一是随着 VRE 占比提升，其对电力系统频率稳定的影响日益增大，转动惯量、频率控制等技术要求成为各国关注的重点。随着 VRE 占比增加，替代同步发电机组，将导致系统惯量降低。若系统惯量过低，系统出现大的频率故障后系统频率变化率（RoCoF）变大，频率跌落变快，短时间内一次调频响应无法跟上，可能会导致频率跌落到低频减载的设定点以下，导致系统的频率出现问题或安全性受到影响。目前主要采用两种方式解决频率变化率问题。一是规定系统惯量下限，将频率变化率维持在可接受范围。英国、北欧同步系统和德州电力可靠性委员会都规定了此类惯量下限。二是采取措施来减少系统惯量需求。例如爱尔兰输电系统运营商激励同步发电机组降低最小技术出力以保证在线运行，提供转动惯量。部分最新的电网规范还引入了对发电机组承受频率变化率最低限值的要求。

二是在电压、频率等并网技术规定方面，对VRE的要求逐步与常规电源同质化。以往VRE场站无法通过调节有功和无功输出响应电网扰动过程中的频率、电压变化，国外通常称这种情况为跟网（grid following）。随着VRE占比逐步提高，尤其是成为电力系统中的主导电源，目前越来越多的国家要求VRE提供主动支撑电网能力，国外也称为构网能力（grid forming）要求，并向常规电源看齐。欧洲、英国等国家已开始向这个方向探索。例如，2021年3月，欧洲输电网运营商联盟（ENTSO-e）发布报告，认为欧洲并网规范中针对基于变流器的发电设备应引入构网能力，并已成立相应工作组；2022年1月，英国能源监管机构Ofgem发布电网规范（GC0137），引入构网能力的定义，明确具有构网能力的电厂需要具备的响应特性以及需要满足的最低技术要求等。目前，英国对电厂应具备的构网能力非强制执行，而是作为市场产品引入。

三是分布式VRE规模化发展下配电网运行管理压力持续增加，并网相关技术规定向更低电压等级延伸。随着分布式光伏大量接入配电网，尤其是户用分布式光伏快速发展，配电网并网管理呈现三方面趋势：**一是对分布式电源的低压穿越要求向更低电压等级延伸**。以往低压穿越要求多针对接入中高压配电网的分布式发电，不过目前德国、美国等国家已将低压穿越要求延伸至低压配电网。例如，德国2009年出台中压并网规范（BDEW），对接入中压电网的电源提出低压穿越要求；2011年出台低压并网规范（VDE 4105），未纳入低压穿越要求；2019年出台修订版低压并网规范（VDE-AR-N 4105），对接入低压电网的分布式电源新增低压穿越要求。**二是更加重视对分布式电源提出统一的通信接口和协议要求**。这样做可降低分布式发电运营商的成本，目前我国及德国、美国已有相关实践。**三是增加对屋顶光伏及其他小型分布式资源的有功控制要求**。例如，要求减少有功输出、明确有功功率恢复的最低速率等。

四是并网规范的管理对象向电动汽车、储能及产消合一者等新技术、新兴主体扩展。主要针对储能、光伏＋储能、产消合一者，规定其频率控制、电压控制、有功功率控制等要求，以及规定了电动汽车充放电模式下的功率控制、故障穿越、电能质量、通信等要求。例如，**比利时**在某些并网技术规定方面将储能与VRE相结合，也有单独针对新型储能的并网规范，涵盖频率、低电压穿越、电压稳定和无功功率容量等方面。**德国**低压分布式电源并网技术规定对电动汽车充电、储能、产消合一者和发电设施进行了区分。

五是在合适的市场机制下，应更多发挥VRE发电商、电动汽车以及产消合一者等新兴主体向系统提供辅助服务的能力。电网规范一定程度上减少了电源参与辅助服务的难度与复杂度。大部分国家的电网规范要求电源具备提供无功支撑和旋转备用的能力，基于这些要求，电源参与辅助服务的流程、手续可以相对简化。但是一般电网规范中较少包含调频备用、快速频率响应等辅助服务，导致电源需提交更多的申请文件并进行额外的审核，才能提供有关辅助服务。“双高”电力系统中，VRE、分布式资源提供辅助服务是各国关注的重点。随着电力系统中新能源、电力电子设备渗透率的不断提高，电力系统中惯量减少、频率控制难度增加、黑启动能力降低等问题将逐步显现。很多国家已经要求VRE和分布式资源具备惯量支撑、快速频率响应、黑启动能力，未来VRE和分布式资源将更多地为系统提供辅助服务支撑。

六是并网规范的合规性管理应在技术合规性认证、已在网设备适应新技术规定的升级改造管理方面着力。一是应加强技术合规性认证管理，推动电网规范的落地执行。包括设立独立的合规性认证机构增加合规性管理的透明度和可信度，制定详细的认证规则辅助合规性机构开展合规性认证等。例如，《欧盟发电机电网规范》（EU NC RfG）中规定了技术规范合规性管理流程，但对于认证中需要参考的具体技术要求及合规性规则的规定不够详细，无法直接指导认证测试工作，目前已经出台EN 50549标准指导认证测试工作开展。二是应做好已在网设备适应新技术规定的升级改造管理。出台新技术规定后，对于已在网设备，是继续执行并网时的旧技术规定还是按照新技术规定进行升级改造，需要做好平衡。一方面，制定电网规范时需要具有一定的前瞻性，尽可能避免大量的升级改造。另一方面，对于系统确需升级改造的，要合理制定升级改造方案，尤其关注升级改造费用的承担主体、疏导途径等。

七是跨区域电网规范有助于促进国际或电力系统间电力交易和新能源的发展，制定跨区域电网规范时应注重其与各国电网规范的协调。很多地区已经或正在制定跨区域电网规范。欧洲、北美均已经制定了较为成熟的跨区域电网规范并不断完善，中美洲、南亚、东南亚以及一些非洲地区均在尝试制定跨区域电网规范。促进 VRE、分布式电源发展和提高其系统支撑能力是一些地区完善跨区域电网规范的重点方向。随着电力系统去中心化和分布式电源的发展，欧洲清洁能源计划提出了几项行动计划，排在首位的是成立欧洲分布式系统运营商（Distribution system operator，DSO），未来 DSO 将在欧洲电网规范的制定和实施中扮演重要角色。跨区域的电网规范与国家（或某一电力系统）的电网规范具有互补性，应保证两者协调发展。制定区域电网规范的目的主要是促进国际电力交易，因此市场规则和 TSO 间的协作是其关注的重点。跨区域电网规范一般不包含具体的技术和参数要求，这些细节主要由国家（或某一电力系统）电网规范确定。为了更好地发挥区域电网规范与国家（或某一电力系统）电网规范的作用，需协调两者时效性、技术要求等。

八是不同 VRE 占比或 VRE 处于不同发展阶段的电力系统，应综合考虑系统规模、与外部系统的互联程度、电源装机结构等因素，差异化制定电网规范。以大型电力系统的电网规范制定为例，对于 VRE 占比较低的系统，应尽可能以高占比 VRE 电力系统或国家的技术规定为导向，充分吸取这些国家或地区过去的经验教训。对于 VRE 占比较高的电力系统，需要注意技术规定向低电压等级延伸、向新兴主体扩展等。对于 VRE 占比高的系统，由于传统的化石能源发电机组被大量 VRE 机组替代，需要高度重视 VRE、大规模储能等的电网主动支撑能力（构网能力）、黑启动要求等。

7.3.3 相关启示建议

随着我国新能源的快速发展，我国近年来在风光并网规范制定方面已开展大量工作，并积极参与相关国际标准的制修订，提供中国智慧与解决方案。随着高比例新能源接入电力系统，我国陆续开展新能源涉网相关技术导则和标准的修订工作，适应高比例新能源系统安全管控的需要。2019 年 12 月，修订后的《电力系统安全稳定导则》正式发布，对新能源涉网性能作出全面要求，对新能源的并网要求向常规电源靠拢。2020 年 12 月，《风电场接入电力系统技术规定　第 1 部分：陆上风电》（GB/T 19963.1）修订稿通过审查，对风电机组的惯量响应、故障穿越能力等提出更高要求。

结合国际可再生能源署报告，对我国适应高占比 VRE 的并网规范相关工作提出以下建议：

一是推动完善新能源设备—运行—控制的管理规范和标准体系，实现新能源从“并网”到“构网”的角色转变，使新能源发电机组具备频率、电压、惯量等主动支撑能力，适应新型电力系统构建的需要。

二是推动强化对电动汽车、需求响应、新型储能等新兴主体的并网管理规范和标准制定，在保障电力系统安全稳定运行的前提下，充分释放传统负荷以及分布式电源、储能、综合能源系统等新型主体的深度调节特性和互动潜能。

三是根据新能源接入比例、电网规模大小、互联程度、电源结构变化等，制定差异化的并网规范，统筹好相关技术快速发展并网需要及电网安全稳定运行。

四是完善与并网规范相适应的合规性认证规则制定，并综合考虑电网需求、升级改造成本等因素，因地制宜做好已在网机组升级改造管理。

附录1　2021年中国主要新能源发电产业政策

附表1-1　　2021年中国主要新能源发电产业政策

序号	类别	时间	文件名号
1	年度规模管理	2021年5月11日	国家能源局关于2021年风电、光伏发电开发建设有关事项的通知（国能发新能〔2021〕25号）
2	项目建设管理	2021年2月25日	国家发展改革委　国家能源局关于推进电力源网荷储一体化和多能互补发展的指导意见（发改能源规〔2021〕280号）
3		2021年6月20日	国家能源局综合司关于报送整县（市、区）屋顶分布式光伏开发试点方案的通知
4		2021年9月8日	国家能源局综合司关于公布整县（市、区）屋顶分布式光伏开发试点名单的通知（国能综通新能〔2021〕84号）
5		2021年11月10日	国家能源局综合司关于推进2021年度电力源网荷储一体化和多能互补发展工作的通知
6		2021年12月24日	国家发展改革委　国家能源局关于印发第一批以沙漠、戈壁、荒漠地区为重点的大型风电、光伏基地建设项目清单的通知（发改办能源〔2021〕926号）
7	运行消纳	2021年5月31日	国家发展改革委办公厅　国家能源局综合司关于做好新能源配套送出工程投资建设有关事项的通知（发改办运行〔2021〕445号）
8		2021年7月29日	国家发展改革委　国家能源局关于鼓励可再生能源发电企业自建或购买调峰能力增加并网规模的通知（发改运行〔2021〕1138号）
9		2021年10月15日	国家能源局综合司关于积极推动新能源发电项目能并尽并、多发满发有关工作的通知
10	价格补贴	2021年5月10日	财政部官网关于下达2021年可再生能源电价附加补助资金预算的通知
11		2021年6月7日	国家发展改革委关于2021年新能源上网电价政策有关事项的通知（发改价格〔2021〕833号）

续表

序号	类别	时间	文件名号
12	市场建设	2021年4月26日	国家发展改革委、国家能源局关于进一步做好电力现货市场建设试点工作的通知（发改办体改〔2021〕339号）
13		2021年11月16日	国家发展改革委办公厅　国家能源局综合司关于国家电网有限公司省间电力现货交易规则的复函

附录2　2021年世界新能源发电发展概况

截至2021年底，世界新能源发电❶装机容量约为18.3亿kW，同比增长15.8%[8-9]。其中，风电装机容量为8.2亿kW，约占45%；太阳能发电装机容量约为8.5亿kW，约占46%；生物质能及其他发电装机容量约为1.6亿kW，约占9%，具体如附图2-1所示。

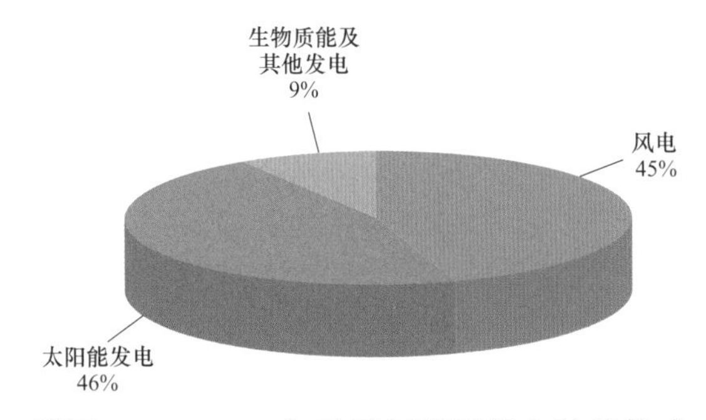

附图2-1　2021年世界新能源发电装机构成

2021年世界新能源发电装机容量的国家排名见附表2-1。

附表2-1　2021年世界分品种新能源发电累计和新增装机容量排名前5位国家

类别	排名				
	1	2	3	4	5
风电装机容量	中国	美国	德国	印度	西班牙
新增风电装机容量	中国	美国	澳大利亚	荷兰	巴西
太阳能光伏发电装机容量	中国	美国	日本	德国	印度
新增太阳能光伏发电装机容量	中国	美国	越南	日本	德国

（一）风电

世界风电装机保持高速增长。截至2021年底，世界风电装机容量达到

❶ 指非水可再生能源。

8.2亿kW，同比增长12.3%。2021年世界风电新增装机容量约0.9亿kW，继续保持较高的新增装机增速[10]。2010—2021年世界风电装机容量如附图2-2所示。

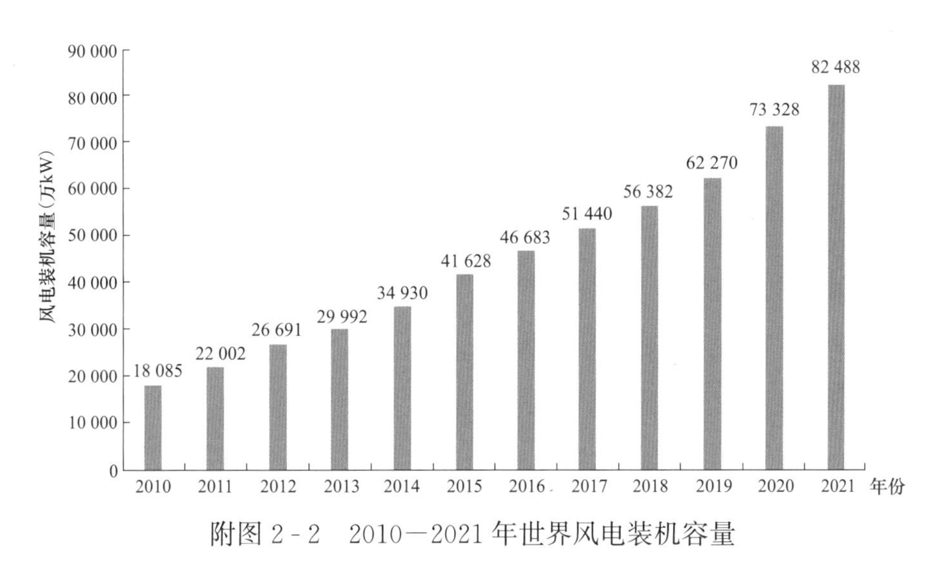

附图2-2　2010—2021年世界风电装机容量

亚洲、欧洲和北美仍然是世界风电装机的主要市场。2021年，从世界风电装机的总体分布情况看，亚洲、欧洲❶和北美仍然是世界风电装机容量最大的三个地区，累计风电装机容量分别达到3.9亿、2.3亿、1.5亿kW，分别占世界累计风电容量的48%、28%和18%。

海上风电发展呈现地域较为集中的特点。截至2021年底，海上风电累计装机容量5568万kW，约占世界风电总装机容量的6.7%；2021年新增海上风电装机容量约2131万kW，约占世界风电新增装机容量的22.9%。截至2021年底，海上风电装机容量排名前3位的国家依次为中国（2638万kW）、英国（1270万kW）、德国（774万kW）。

（二）太阳能发电

1. 光伏发电

全球光伏发电装机容量仍然保持快速增长。截至2021年底，世界光伏发电

❶ 俄罗斯、格鲁吉亚、阿塞拜疆、土耳其、亚美尼亚归入欧洲国家。

装机容量达到8.43亿kW[❶]，同比增长21.6%；新增装机容量达到1.27亿kW，同比增长18.7%。2010—2021年世界光伏发电装机容量如附图2-3所示。其中，亚洲光伏发电装机容量达到4.07亿kW，占世界光伏发电装机容量的57.0%；新增装机容量为7783万kW，占世界光伏发电新增装机容量的61.3%[11]。

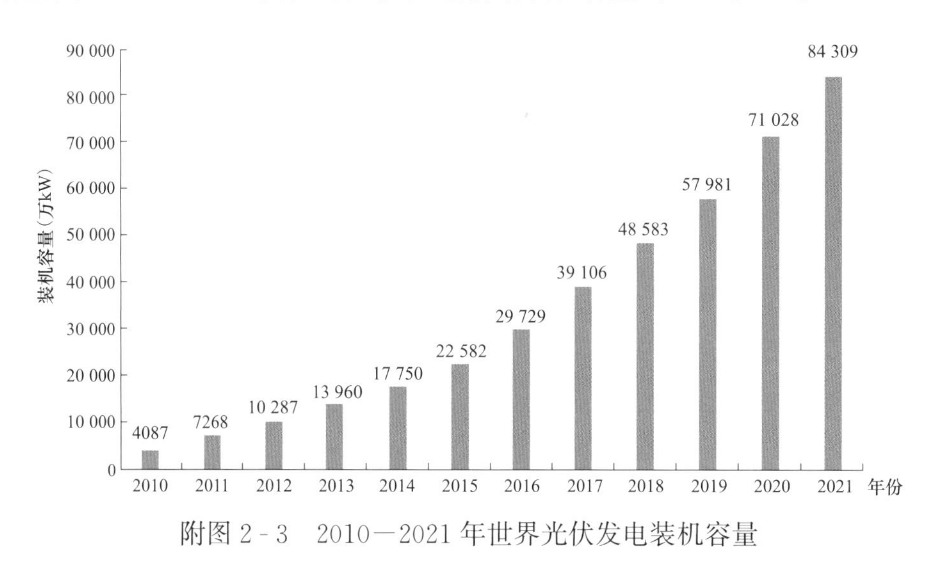

附图2-3　2010—2021年世界光伏发电装机容量

中国、日本、美国、德国、印度成为全球累计光伏发电装机容量前五名。截至2021年底，世界光伏发电累计装机容量最多的国家依次为中国、美国、日本、德国和印度，装机容量分别为30 610万、9371万、7419万、5846万、4932万kW。美国和日本光伏发电装机容量继续保持增长，累计装机容量持续保持全球第二、三位；德国光伏发电装机容量增速放缓，累计装机容量排名为全球第四位，新增装机容量排名全球第五；中国光伏发电持续快速发展，累计装机容量和新增装机容量继续保持世界第一位。

2. 光热发电

世界光热发电装机增长较为低迷。截至2021年底，世界光热发电装机容量639万kW，2011—2021年世界光热发电装机容量如附图2-4所示[❷]。

❶ 数据来源：IRENA：Renewable Capacity Statistics 2022.

❷ 数据来源：IRENA：Renewable Capacity Statistics 2022.

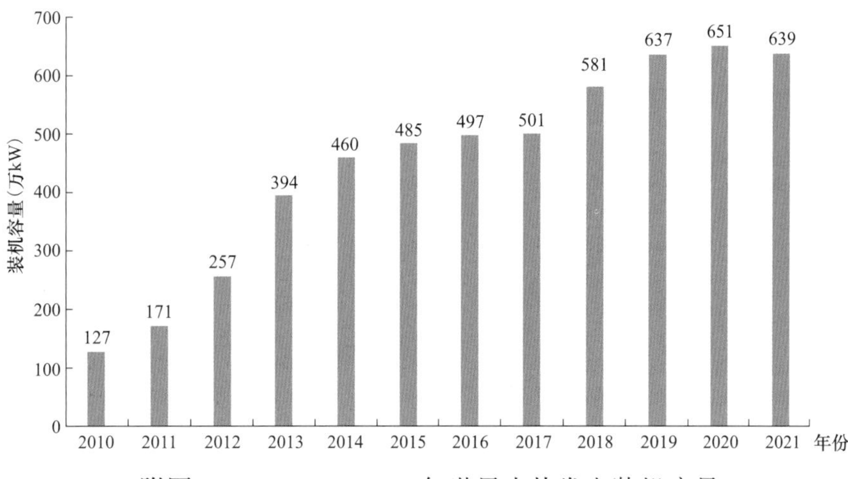

附图 2-4　2010—2021 年世界光热发电装机容量

附录 3　世界新能源发电数据

附表 3-1　　截至 2021 年底世界分品种新能源发电装机容量　　百万 kW

技术类型	国家（地区）							
	世界	欧盟	美国	德国	中国	西班牙	意大利	印度
风电	825	187	133	63	328	28	11	40
太阳能光伏发电	849	160	95	58	307	16	23	50
生物质能发电	143	34	14	10	40	1	4	11
地热发电	16	1	4	0	0	0	1	0
合计	**1833**	**382**	**246**	**131**	**675**	**45**	**39**	**101**

数据来源：IRENA，Renewable Capacity Statistics 2022。
注　中国按并网口径计算。

附表 3-2　　截至 2021 年底世界排名前 16 位国家风电装机规模　　万 kW

序号	国家	装机容量	序号	国家	装机容量
1	中国	32 848	9	加拿大	1430
2	美国	13 274	10	瑞典	1208
3	德国	6376	11	意大利	1128
4	印度	4007	12	土耳其	1061
5	西班牙	2750	13	澳大利亚	895
6	英国	2713	14	荷兰	781
7	巴西	2116	15	墨西哥	769
8	法国	1868	16	波兰	696

数据来源：IRENA，Renewable Capacity Statistics 2022。
注　中国按并网口径计算。

附表 3-3　截至 2021 年底世界排名前 16 位国家光伏发电装机规模　　万 kW

序号	国家	装机容量	序号	国家	装机容量
1	中国	30 610	3	日本	7419
2	美国	9371	4	德国	5846

续表

序号	国家	装机容量	序号	国家	装机容量
5	印度	4934	11	荷兰	1425
6	意大利	2269	12	英国	1369
7	澳大利亚	1907	13	西班牙	1365
8	韩国	1816	14	巴西	1306
9	越南	1666	15	乌克兰	806
10	法国	1471	16	土耳其	782

数据来源：IRENA：Renewable Capacity Statistics 2022。

注　中国按并网口径计算。

附录4　中国新能源发电数据

附表4-1　　2021年中国各省风电装机容量及发电量

区域	风电装机容量（万kW）	电源总装机容量（万kW）	占比（%）	风电发电量（亿kW·h）	总发电量（亿kW·h）	占比（%）
全国	**32 848**	**237 692**	**13.8**	**6556**	**83 768**	**7.8**
北京	80	1340	6.0	4	471	0.9
天津	178	2192	8.1	18	776	2.3
河北	2921	11 078	26.4	511	3074	16.6
山西	1458	11 338	12.9	469	3843	12.2
内蒙古	1412	15 487	9.1	967	6010	16.1
辽宁	478	6164	7.7	227	2159	10.5
吉林	346	3485	9.9	138	984	14.0
黑龙江	420	3955	10.6	162	1145	14.1
上海	168	2786	6.0	18	1007	1.8
江苏	1916	15 420	12.4	416	5867	7.1
浙江	1842	10 857	17.0	49	4227	1.2
安徽	1707	8466	20.2	107	3045	3.5
福建	277	6983	4.0	152	2931	5.2
江西	911	4847	18.8	104	1625	6.4
山东	3343	17 334	19.3	409	6195	6.6
河南	1556	11 114	14.0	328	2931	11.2
湖北	953	8816	10.8	134	3291	4.1
湖南	451	5346	8.4	150	1750	8.6
广东	1020	15 784	6.5	137	6154	2.2
广西	312	5508	5.7	161	2005	8.0
海南	147	1056	13.9	5	391	1.3

续表

区域	风电装机容量（万 kW）	电源总装机容量（万 kW）	占比（%）	风电发电量（亿 kW·h）	总发电量（亿 kW·h）	占比（%）
重庆	63	2559	2.5	23	978	2.3
四川	196	11 435	1.7	109	4519	2.4
贵州	1137	7573	15.0	105	2407	4.4
云南	397	10 625	3.7	231	3765	6.1
西藏	139	480	28.9	0.1	113	0.1
陕西	1314	7636	17.2	176	2768	6.4
甘肃	1146	6152	18.6	288	1932	14.9
青海	1632	4114	39.7	130	989	13.1
宁夏	1384	6214	22.3	281	1992	14.1
新疆	1354	11 547	11.7	548	4425	12.4

数据来源：中国电力企业联合会《2021 年全国电力工业统计快报》。

附表 4-2　　2021 年中国各省太阳能发电装机容量及发电量

省（区、市）	太阳能装机容量（万 kW）	电源总装机容量（万 kW）	占比（%）	太阳能发电量（亿 kW·h）	总发电量（亿 kW·h）	占比（%）
全国	**30 656**	**237 692**	**12.9**	**3270**	**83 768**	**3.9**
北京	80	1340	6.0	6	471	1.3
天津	178	2192	8.1	20	776	2.6
河北	2921	11 078	26.4	279	3074	9.1
山西	1458	11 338	12.9	189	3843	4.9
内蒙古	1412	15 487	9.1	212	6010	3.5
辽宁	478	6164	7.7	55	2159	2.6
吉林	346	3485	9.9	52	984	5.3
黑龙江	420	3955	10.6	51	1145	4.5
上海	168	2786	6.0	15	1007	1.5
江苏	1916	15 420	12.4	195	5867	3.3
浙江	1842	10 857	17.0	155	4227	3.7
安徽	1707	8466	20.2	155	3045	5.1
福建	277	6983	4.0	25	2931	0.9

续表

省（区、市）	太阳能装机容量（万 kW）	电源总装机容量（万 kW）	占比（%）	太阳能发电量（亿 kW·h）	总发电量（亿 kW·h）	占比（%）
江西	911	4847	18.8	80	1625	4.9
山东	3343	17 334	19.3	310	6195	5.0
河南	1556	11 114	14.0	136	2931	4.6
湖北	953	8816	10.8	83	3291	2.5
湖南	451	5346	8.4	38	1750	2.2
广东	1020	15 784	6.5	103	6154	1.7
广西	312	5508	5.7	28	2005	1.4
海南	147	1056	13.9	16	391	4.1
重庆	63	2559	2.5	5	978	0.5
四川	196	11 435	1.7	30	4519	0.7
贵州	1137	7573	15.0	83	2407	3.4
云南	397	10 625	3.7	51	3765	1.4
西藏	139	480	28.9	17	113	15.3
陕西	1314	7636	17.2	141	2768	5.1
甘肃	1146	6152	18.6	150	1932	7.8
青海	1632	4114	39.7	211	989	21.3
宁夏	1384	6214	22.3	183	1992	9.2
新疆	1354	11 547	11.7	196	4425	4.4

数据来源：中国电力企业联合会《2021 年全国电力工业统计快报》。

参 考 文 献

[1] 中国电力企业联合会. 2021年全国电力工业统计快报 [R]. 北京，2022.

[2] 国家统计局. 中国统计年鉴2021 [M]. 北京：中国统计出版社，2022.

[3] 中国光伏产业联盟. 2021年中国光伏产业发展报告 [R]. 北京，2022.

[4] 国家太阳能光热产业技术创新战略联盟. 2021中国太阳能热发电行业蓝皮书 [R]. 北京，2022.

[5] 中国产业发展促进会生物质能产业分会. 中国生物质发电产业发展报告2021 [R]. 北京，2021.

[6] 国家电网公司发展策划部，国网能源院. 国际能源与电力统计手册（2022版）[R]. 北京，2022.

[7] IEA. World Energy Outlook 2022 [R]. Paris，2022.

[8] IRENA. Renewable Capacity Statistics 2022 [R]. Abu Dhabi，2022.

[9] BP. Statistical Review of World Energy 2021 [R]. London，2022.

[10] GWEC. 全球风电市场发展报告2022 [R]. Brussels，2022.

[11] REN21. 2021年全球可再生能源现状报告 [R]. Paris，2022.